青少年心理自助文库
完美丛书

U0747094

自 责

莫待无花空折枝

王俊海/著

破解人类情绪痛苦的心灵密码,
掌握识别和破解痛苦的神力。

中国出版集团 现代出版社

图书在版编目(CIP)数据

自责:莫待无花空折枝 / 王俊海著. —北京：现代出版社，2013.11
(2021.3 重印)

(青少年心理自助文库)

ISBN 978-7-5143-1856-2

Ⅰ. ①自…　Ⅱ. ①王…　Ⅲ. ①成功心理 – 青年读物
②成功心理 – 少年读物　Ⅳ. ①B848.4 – 49

中国版本图书馆 CIP 数据核字(2013)第 273528 号

作　　者　王俊海
责任编辑　刘　刚
出版发行　现代出版社
通讯地址　北京市安定门外安华里504 号
邮政编码　100011
电　　话　010 – 64267325 64245264(传真)
网　　址　www.1980xd.com
电子邮箱　xiandai@ cnpitc. com. cn
印　　刷　河北飞鸿印刷有限责任公司
开　　本　710mm × 1000mm　1/16
印　　张　12
版　　次　2013 年 11 月第 1 版　2021 年 3 月第 3 次印刷
书　　号　ISBN 978-7-5143-1856-2
定　　价　39.80 元

P 前言
REFACE

为什么当今时代的青少年拥有幸福的生活却依然感觉不幸福、不快乐？又怎样才能彻底摆脱日复一日地身心疲惫？怎样才能活得更真实快乐？越是在喧嚣和困惑的环境中无所适从，我们越是觉得快乐和宁静是何等的难能可贵。其实，正所谓"心安处即自由乡"，善于调节内心是一种拯救自我的能力。当我们能够对自我有清醒认识，对他人能宽容友善，对生活无限热爱的时候，一个拥有强大的心灵力量的你将会更加自信而乐观地面对一切。

青少年是国家的未来和希望。对于青少年的心理健康教育，直接关系着下一代能否健康成长，承担起建设和谐社会的重任。作为家庭、学校和社会，不能仅仅重视文化专业知识的教育，还要注重培养孩子们健康的心态和良好的心理素质，从改进教育方法上来真正关心、爱护和尊重他们。如何正确引导青少年走向健康的心理状态，是家庭、学校和社会的共同责任。心理自助能够帮助青少年解决心理问题，获得自我成长，最重要之处在于它能够激发青少年的自我探索的精神取向。自我探索是对自身的心理状态、思维方式、情绪反应和性格能力等方面的深入觉察。很多科学研究发现，这种觉察和了解本身对于心理问题就具有治疗的作用。此外，通过自我探索，青少年能够看到自己的问题所在，明确在哪些方面需要改善，从而"对症下药"。

好的习惯将使你成为有成就的人，同样，坏的习惯也将使你一生一事无成。所以切不可小看平时一些微不足道的毛病，一旦养成习惯，将成为你前进路上的绊脚石。这就非常需要我们仔细检查一遍自己的习惯。看看哪些是有益的，哪些是有害的，而后，将有害的改为有益的。哪怕一个小小的改

变,假以时日,必能受益无穷。后天的培养铸就了人们强大的习惯,要树立勤奋是光荣的、努力和坚持不懈终会得到好回报的信心,正所谓好习惯结好果,坏习惯酿恶果。

习惯是所有伟人的奴仆,也是所有失败者的帮凶。伟人之所以伟大,得益于习惯的鼎力相助;失败者之所以失败,习惯同样责不可卸。习惯决定命运。但我们应该明白,习惯不是与生俱来的,它是我们在后天的行为活动中逐步形成的。只有在正确道德意志的驱使下,才能形成良好的习惯。捡起别人忽略的纸屑,扔掉马路上的砖瓦,按时归还借来的东西,学会整理自己的学习用具,学会独立处理自己的事情……这些都需要我们在日复一日的学习与生活当中逐步养成。

所有成功人士都有一个共性,那就是,基于良好习惯构造的日常行为规律。各个领域中的杰出人士——成功的运动员、律师、政客、医生、企业家、音乐家、教育家、销售员,以及其他专业领域中的佼佼者,在他们的身上都有一个共性,那就是良好的习惯。正是这些好习惯,帮助他们开发出更多的与生俱来的潜能。正因为习惯的力量是如此之大,所以我们要养成良好的习惯以有助于成功。

本丛书从心理问题的普遍性着手,分别描述了性格、情绪、压力、意志、人际交往、异常行为等方面容易出现的一些心理问题,并提出了具体实用的应对策略,以帮助青少年读者驱散心灵的阴霾,科学调适身心,实现心理自助。

本丛书是你化解烦恼的心灵修养课,可以给你增加快乐的心理自助术;本丛书会让你认识到:掌控心理,方能掌控世界;改变自己,才能改变一切;本丛书还将告诉你:只有实现积极心理自助,才能收获快乐人生。

C目 录
ONTENTS

- -

第七篇　心态是最大的本钱

第八篇　背起做人的尊严

第九篇　不要向这个世界认输

第十篇　不要期望每个人都满意

第十一篇　别弄湿今天的阳光

第一篇 >>>
不要感到自责

　　自责是最常见的社会压力之一。这个星球上满是饱受自责折磨的人。如果你不属于已经克服这种破坏性情绪的极少数派，那么你很可能是那些庸人自扰的绝大多数人之一。

　　自责是操纵者最有用的武器。操纵者的主要任务是使我们感到自责，让我们迫切地需要尽快重回他们宠爱的怀抱。

　　许多人在自责情绪的操纵下，会不惜采取一切行动来弥补。所以每当外界让我们感到自责时，我们就不能妥善地处理这种情绪。

自责是操纵者最有用的武器

自责是最常见的社会压力之一。这个星球上满是饱受自责折磨的人。如果你不属于已经克服这种破坏性情绪的极少数派，那么你很可能是那些庸人自扰的绝大多数人之一。

我们很多人都习惯自责。我们已经自觉或不自觉地将自己变成了因家人、朋友、社会、学校、爱人和宗教信仰而感到自责的"机器"。小时候，大人们会不断提起我们干过的所谓的"坏事"，让我们因为自己做了什么或没做什么、说了什么或没说什么而感到自责。由于很多人都习惯于依赖别人的认可，所以每当外界让我们感到自责时，我们就不能妥善地处理这种情绪。

自责是操纵者最有用的武器。操纵者的主要任务是使我们感到自责，让我们迫切地需要尽快重回他们宠爱的怀抱。许多人在自责情绪的操纵下，会不惜采取一切行动来弥补。

为什么我们会允许这样的事发生？因为人们总认为自责与在乎有关，如果你不在乎，你就是一个"坏人"。而事实上，自责与在乎一点关系都没有。更确切地说，自责是神经质行为的一种表现，而这种行为尽管非常奇怪，却被多数人看作正常。也就是说，为了证明你在乎，你就得感到自责，如果你这样想，你就是不在乎。许多人的生活都受到了这种错误推理的控制。

有趣的是，当我们有时候对人说，一个人永远不要感到自责时，总会有人问道："你的意思是我不应该对任何人任何事感到自责吗？"当然我们明白他是在说，他一直都习惯于自责，所以如果突然让他停止自责，他会为此感到自责。

盐铺的一个学徒总是对现状不满，觉得日子过得不如意，常常向师傅抱怨。

这天，师傅又听到徒弟在抱怨，于是让他去取两小包盐过来。

徒弟把盐取回来后,师傅让徒弟把其中一包倒到水杯里喝下去,然后问他味道如何。

徒弟只喝了一口,就吐了出来。说:"很苦。"

师傅笑着让徒弟带着另一包盐和自己一起去湖边。师傅让徒弟把盐都撒到湖里,然后对徒弟说:"现在你喝点湖水试试看。"徒弟不知道师傅是什么意思,只好去喝了口湖水。

师傅问:"什么味道?"

徒弟回答:"很清凉。"

师傅问:"尝到咸味了吗?"

徒弟回答:"没有。"

师傅点了点头,坐在这个总爱怨天尤人的徒弟旁边,握着他的手说:"人生的苦如同这些盐,有一定的数量,既不会多也不会少。我们承受苦痛的容量决定痛苦的程度。所以当你感到痛苦的时候,就把你承受的容积放大些,让自己的心不是一杯水,而是一个湖。"

心灵悄悄话
XIN LING QIAO QIAO HUA >>>

遇到事情,总是不断自责的人,可能会被蒙蔽自己的视线,人生还有无数困境仍在不远的前方等待着,他们一旦沉湎其中就不能自拔,甚至自甘堕落。而在困境中懂得自救的人,也许要在困境中多熬一段日子,但他会从中领悟了战胜困难的信心和勇气,再次面对困境时,就能变得从容、机智、临危不乱。

世上没有支持自责的宇宙法则

某些个人、社会大众或宗教团体给许多行为贴上"善"与"恶"的标签,但这只不过是他们根据自己的意识水平所做出的价值评判而已(兴许还是错误的价值评判)。今天对你来说是对的、合乎道德的,也许明天在另一个地方、另一个特定的时间它又变成了错的、不合乎道德的了。因为,道德判断会因时间和地点的不同而有所差异。

托马斯·摩尔说得很好:我发现许多学者和圣人们,因地域和年龄的不同而各具特征,但他们有一个共同点,即他们绝大多数都不赞同所谓"纯粹道德"的说法。

基于道德的法则并不是宇宙法则,因为后者是亘古不变的。宇宙法则的数量有限,通俗易懂,随处可见,且通常是自动进行的,不受任何团体、宗教或个人的干涉与道德评判。世上没有支持自责的宇宙法则。记住,自责是你后天学来的情绪反应。

一只老鼠透过墙壁上的洞,看到农夫和他的妻子正摆弄着一个捕鼠器,他吓坏了,急忙跑到农场的院子里发布警报:"大伙注意了,这房子里有一个捕鼠器。"

鸡头也不抬地说:"这是你所面临的危险,和我没有关系。"

猪同情地说:"老鼠先生,我除了为你祈祷,什么都帮不了你。"

牛说:"老鼠先生,捕鼠器是捕捉你的,能带给我什么危险呢?"

最后,老鼠只好万分沮丧的独自面对农夫的捕鼠器。

当天晚上,房子里发出声响,捕鼠器捉到了猎物,农夫的妻子急忙赶来查看,黑暗中,她看见那是一条尾巴被捕鼠器夹住了的毒蛇,她没防备,结果被毒蛇咬伤了。

农夫赶紧把妻子送到医院,为了给妻子补身体,农夫便到院子里把鸡杀

了,邻居和朋友们听说了这件事情都纷纷赶来轮流照顾农夫的妻子,为了款待他们,农夫又把猪杀了,后来,农夫的妻子病情恶化死了,许多人前来参加葬礼,于是农夫又杀了牛招待各位。

朋友,如果你听到有人面临麻烦,而你却觉得那不关自己的事,请你记住:当一所房子里出现捕鼠器时,整个院子都处在危险之中。

心灵悄悄话
XIN LING QIAO QIAO HUA >>>

人生是一个漫长的过程,注定要靠我们自己的足迹一步步走过去,没有谁能做你永远的救星,即使是我们最亲近的父母。

自责的类型一：来自身边的自责

父母让子女产生自责

小时候，周围的大人尤其是家人，常常让你感到自责。他们认为自责是不错的表现，所以你理所当然应该这样。如果他们不喜欢你的行为举止，他们会说你是个"坏孩子"。他们对你本身做出了价值评判，而不是针对你的行为。在你成长的过程中，尤其是五岁之前这段时期，你习惯性地对"好坏"和"对错"产生反应。奖惩措施强制性地让你产生自责感。就是在这个时候，你开始被他们同化，认为自己的行为是"错的"或"不好的"。

父母不知不觉地将自责当作控制孩子的工具。他们告诉孩子，如果他/她不做某件事，他们就会不高兴。他们常常用类似这样的言语作武器，"邻居会怎么想？""你让我很尴尬！""你太让我们失望了！"或"你怎么这么没礼貌？"等等。每当你让他们失望时，就是他们跟你玩自责游戏的时候。久而久之，你慢慢形成了通过取悦他人来避免产生自责感的习惯模式。他们希望你说什么做什么，你都一一照做，生怕却之不恭。你的惯性思维使你深信，顺从是取悦别人最好的方法。从而，你形成了一种永不停止的、想要给别人留下好印象的迫切需求。

子女让父母产生自责

跟上面的类型相对的是，孩子也频繁地利用自责感来操纵父母。许多父母希望被别人看成是"模范爸爸"或"模范妈妈"，如果孩子认为他们不爱他/她，他们就完全没有办法接受。孩子常常通过这样的语言来威胁父母，"你根本不爱我！"或"某某人的爸妈就不会这样对他/她！"等。他们还常常提起父母曾经做过或没做的事情，他们凭直觉知道，这些可以让父母感到自责。

孩子们这样的行为是从大人身上学来的。他们不了解这里面的奥秘，却知道这是得偿所愿最有效的方法。操纵别人是我们在孩童时期最关心的

事,因此根本不用花很多时间去专门学习。

自责是后天学来的反应。它不是孩子的自然行为。当你的孩子试图通过让你感到自责的方式来操纵你时,你应该明白,这是他从你这个好榜样身上学来的战术。

自我强加的自责

自责最坏的形式是自我强加。当我们认为自己违背了自己的道德标准或社会道德规范时,就会感到自责;当我们回望过去的行为,发现自己做了不明智的选择或行为时,我们也会产生自责和后悔的情绪。我们根据自己目前的价值观体系,审视自己的所作所为,包括批评别人、偷窃、欺骗、说谎、吹牛、违背宗教信条或其他我们认为错误的行径。大多数情况下,我们之所以感到自责,是因为我们想要显示我们在乎并为自己的行为感到抱歉。从本质上来说,我们是在为自己的行径进行自我惩罚,并企图改变过去。我们没有意识到,过去发生的一切都不可能从头再来。

自责和吸取教训之间存在极大的差别。自我强加的自责是一种神经质行为,你必须立即停止,否则就别想树立起百分百的自信心。满怀自责并不会帮助你树立自信,它只会让你变成过去的俘虏,使你停滞不前,逃避眼前和未来的生活责任。自责总会伴随着惩罚。惩罚的方式有许多种,包括抑郁、自卑、缺乏自信/自尊、身体失调、丧失爱自己和爱别人的能力等。不能原谅别人、坚持心怀怨恨的人,同样也不能原谅自己。他们都是饱受自责情绪折磨的人。

企图忽视错误的后果跟坚持自责没有两样。对于错误,应该像对待眼中沙一样。发现问题后,不要为此责怪自己,把它解决掉就可以了。越早解决,你就会越快摆脱它所带来的痛苦。只有这样,你才能过上积极的生活,才能建立自信,发挥自己的无限潜能。

一位圣人正在路旁的一棵树下凝神思索,突然,一个小伙子从远处奔了过来,他向圣人哀求着:"救救我,有个人诬蔑我行窃,正带着一群村民追过来,要是被他们抓住,就会剁掉我的一双手。"情势紧急,小伙子不等圣人说话,就爬到了那棵树上,藏在茂密的枝叶间。

这位圣人以犀利的目光洞悉了一切,知道这小伙子说的都是实话,也就在这时,村民赶到了,他们向圣人追问那小伙子的下落。多年以前,圣人曾

发誓永远讲真话,于是他就朝树上指了指,村民们便将小伙子拖下树来,剁掉了他的双手。

许多年以后,圣人临终时因为这事儿遭到了上帝的谴责,圣人辩解道:"我必须讲真话,这是我曾立下的神圣誓言,我必须恪守!"

上帝回答道:"你将那位无辜的小伙子交给了迫害者,是为了表白自己的所谓德行,这不是美德,而是一种虚荣。"

心灵悄悄话
XIN LING QIAO QIAO HUA >>>

只有自己才是生命的重心,只有自己才完全属于自己。无论年轻,或是衰老,无论成功,或是失败,无论是好,或是坏,都是你自己。只要敢于面对自己的困境,摆正自己的位置,确立自己的信心,你就不会失去自己生命的重心。

自责的类型二:来自外界的自责

社会行为规范使你习惯性担心别人对你行为的看法。这正是社会礼节受到如此重视的原因。对许多人来说,刀叉摆在盘子的哪一侧是一件举足轻重的大事。

我们极度重视别人的看法、谨言慎行,唯恐我们的言论和行为会冒犯别人。

爱情关系里的自责

"如果你爱我的话……"这句话是男女朋友之间频繁用来操纵对方、让对方产生自责感的最有效的语句之一。当我们说:"如果你爱我的话,你就会答应我……"我们实际上是在说,"如果你不做就得遭受内心的不安!"或"如果你拒绝,说明你根本不在乎我!"

由于我们已经习惯性认为我们必须表现出在乎对方,所以,我们常常很容易就受到这些言语的控制。如果这些话不起作用,我们常常会借助其他手段来达到目的,如冷战、拒绝亲热、伤害感情、生气、哭泣或发脾气等。

自责在爱情里的另一个作用,是当对方的行为违背我们的价值观和信仰时,用来惩罚对方。我们不断地提起对方过去的行径,提醒他曾经犯过多么严重的错误,有多让我们失望等。只要能将自责的游戏继续玩下去,我们就可以让对方言听计从。当对方违背我们的期望、价值观和信仰时,我们就会利用自责感去"纠正"他们。这只是自责在爱情关系中运用的几个方面。

社会使我们产生的自责

它始于学生时代。当老师跟你说你本来可以做得更好,或你让老师很失望时,这个时候自责的情绪就开始在你心底萌芽。老师没有触及问题的根源(即学生的错误意识),仅通过简单的责备让学生感到自责,这样不但为自己省下了不少工夫,也掌握了控制学生最有效的手段。

人类的监狱体制将"自责论"体现得淋漓尽致。如果你违背了社会道德

规范,就会被判监禁。在监禁期间,你应该反省自己的所作所为。罪行越严重,被监禁的时间就越长,你自责反省的时间也更长。然后,你刑满释放了,但你问题的根源,即你错误的意识,更确切地说是你自尊心的匮乏,却没有得到矫正。最后的结果是,许多人因为再次犯罪又回到监狱。

宗教信仰使我们产生的自责

宗教使我们形成或向我们灌输的自责情绪,其深入程度已经远远超过宗教本身的职能。实际上,宗教很可能因其奉行的"自责的原罪"而广获殊荣,因为自责正是宗教用来拴住其信徒的枷锁。

在对"完美"的错误理解下,许多宗教教派根据自己对《圣经》的理解,建立起各自的道德价值标准,并向那些不符合这些标准的人们灌输自责的情感。

他们的前提是他们所有的评判都基于完美,认为完美即是"善",不完美则为"恶"。这种对"完美"的错误理解,使得他们无法真正理解这个词的含义。如果将一万个相同的物体放在显微镜下,你都不可能找出两个一模一样的。

从生物、生理、心理和形而上学等方面来说,每一个实体都是与众不同的。每一个个体都是创造性心智的体现。完美或其等同物,都是相对而言的。

许多有伟大建树的人,他们不断努力、不断进步的驱动力,正是他们的缺点和不足。如果你读过某个对人类有过重大贡献的人的传记,你会发现,他们的缺点几乎无一例外地都被社会贴上了"罪恶"的标签。明白了这点,你就能从正面的角度来看待你的自责。自责纯属庸人自扰,且会对你产生负面影响。有想要克服所谓的"不足、过失和错误"的欲望,这就已经足够了。

一次,在一架远途航班机上,一位看起来挺富有的白人妇女被安排坐在一名黑人旁边,白人妇女立刻把空姐叫了过来,喋喋不休的抱怨起来,并坚决要求在给她找一个位子。

空姐解释道:"今天航班客满,但是我可以去为您查查经济舱有没有空位。"几分钟后,空姐回来说:"女士,经济舱已经满了,但头等舱还有一个空位。"

那女士听了立刻高兴起来，空姐又接着说："将一般乘客提升到头等舱确实是我们从来未遇见的情况，但是我已获得了机长的特别许可，的确，让一位乘客和一个如此令人厌恶的人坐在一起，实在是太不合理了。"

空姐接着对那个黑人乘客说："我们以为您准备好了头等舱，请您移驾过去。"在周围乘客的掌声中，黑人乘客拿了行李走向了头等舱。

所以，一个人在歧视他人的同时，自己也被贬到了很低的地位。

心灵悄悄话
XIN LING QIAO QIAO HUA >>>

别人的想法永远不能完全代表你自己，你也绝对有权去决定要不要接受别人的意见或是受不受别人的影响。当我们把自己作为生命的重心时，我们就把自己当作知己，当作朋友，我们和自己谈心交流，监督自己，惩罚自己，奖赏自己，安慰自己，没有伪装，没有隐私，获得灵魂的安宁，接受正义的审判。

不要把宝贵的时间和精力浪费在自责上

从过去的行为中吸取经验教训,这对于自信的形成非常重要。但是,为过去的事情感到后悔自责,并不等于从过去吸取经验。从过去吸取经验的意思是,基于你的意识尽可能地承认错误,分析问题,避免再犯相同的错误。

不要把宝贵的时间和精力浪费在悔恨、自责和羞愧上。这些负面情绪只会阻止你改变目前的生活状态,因为它们只会让你的意识停留在过去。

意识停留在过去的人,不可能积极地面对现在。因为人的大脑无法同时面对"过去"和"现在"这两个现实。生活是对意识的反映。如果你的意识只关心你做过或本来应该做什么,那么你的现在只会由气馁、焦虑和迷惑堆砌。这个代价太大了。原谅自己,用积极的心态面对未来。

记住,你始终都做到了最好。

你的所作所为都是你当时最好的表现,即使这个"最好"是有过失或不明智的。

你一直都做到了最好。

给这句话做上标记,并记住它! 你的每一个决定和行为都基于你当时的意识水平。你不可能超越目前的意识水平,因为它是你理解一切事物的基础。有缺陷的意识会导致一段有缺陷的经历,不久后你便会为自己的行为感到后悔。

由于你的意识总是处在某个特定水平,因此,你的所作所为都是你当时最好的表现,即使这个"最好"是有过失或不明智的。事实上,当时你只有唯一一个选择,它受你当时意识的支配。

一对恩爱夫妻结婚十年,终于喜得贵子,孩子自然成了夫妻两个的宝贝,给原本幸福的生活增添了不少乐趣。

转眼宝宝两岁了,这一天,丈夫正打算出门上班的时候,看到桌子旁边

有瓶杀虫的药水,盖子是打开的,他想到要把药瓶收好,但因为上班要迟到了,就对正在厨房里忙活着的妻子喊了一声:"桌子旁边有个药水瓶,等会儿你把它收起来。"妻子在厨房忙得团团转,答应了一声:"哦!"

丈夫走后,粗心的妻子一转身就忘了丈夫刚才说的事情,宝宝自己在客厅玩的时候,觉得桌子边上的药水瓶很新鲜,颜色也很漂亮,于是拿起药水,喝了几口。

这瓶药水是强效杀虫剂,即使是成年人,喝下这么多也会有危险,宝宝只有两岁,等妈妈发现,把他送到医院的时候,已经晚了。

妻子既伤心又后悔,她不知道该如何面对自己的丈夫。丈夫赶到医院,得知噩耗伤心欲绝,他看着孩子的尸体,对妻子说了三个字。

这三个字是"我爱你"。

这个时候说出如此令人动容的一句话,要有多久的修炼,多大的包容,多深的人生智慧。同一件不幸的事,你可以怨天尤人,痛骂社会,甚至自责无穷,但事情不会因为这些而改变,却会让这一切改变了你的生活,负着伤疤活下去。

心灵悄悄话

XIN LING QIAO QIAO HUA >>>

命运在自己的手里,而不是在别人的嘴里!这就是命运。当然,你再看看你自己的拳头,你还会发现你的生命线有一部分还留在外面,没有被握住,它又能给我们什么启示?命运绝大部分掌握在自己手里,但还有一部分则由不得你自己。

你的行为并不能代表你

你的行为只是你用来满足需求的手段。它们可能是"明智"或"不明智"的,但不能就此判断你本身是"好"或是"坏"。从本质上来说,你的灵魂是完美无瑕的,只不过此时你可能在基于错误的意识行事。

《圣经》上清楚地写道,你是按"上帝的形象和喜好"而生的。如果这是真的,那么你肯定已经是完美的了,只不过是因为当前意识的限制你还没有意识到而已。越相信这点,你就越能表现完美。

通过写日记的方式,你会很快发现你究竟在自责的游戏上浪费了多少时间。

在这里推荐一个有趣的个人经验,希望能对你有所帮助。在接下来的21天里,记一份关于自责的日记。在这三周里,观察自己的行为,做笔记,记录下所有细节:

1. 每当你试图让别人感到自责时。

2. 每当别人试图让你感到自责时。

3. 每当你试图让自己感到自责时。

通过写日记的方式,你会很快发现你究竟在自责的游戏上浪费了多少时间。每当你试图让自己或别人感到自责时,立即停止,并当场纠正。这会有助于你改变习惯模式,很快你就会彻底停止玩这场自责游戏。

每当你发现别人在企图让你感到自责时,直接告诉他,他的法宝对你已经不起作用了。必须让他们知道,我们不再那么好欺负了。起初他们会怀疑,因为他们已经通过自责的武器操纵了你很长时间,但是,一旦他们认识到你不再需要他们的认可,不再愿意玩自责的游戏时,他们就不会再利用自责来操纵你。

有个年轻人,进入大学后由于学校和专业都不理想,他索性不再努力,

逃课,喝酒,任由自己一天一天地消沉下去。

唯一的例外,就是杨教授的生物课他一次也没逃过,他实在太喜欢这个学科了,而且杨教授的课讲得生动有趣,即使大多数同学都不认真听,他还是讲得津津有味。

一次,年轻人在作业里夹了一张纸条:老师,现在大学生比土豆还便宜,是吗? 他自己也不知道为什么要这么做,可那是出于对杨教授的信任,也可能是因为自己内心并不甘心像现在这样消沉,却找不到努力的理由。

那天下课后,杨教授把他叫到自己家里,四菜一汤,还拿出一瓶酒,师生两人喝得不亦乐乎。

酒到酣处,教授拿出一个又小又青,还发芽的土豆,对年轻人说:"你知道它多少钱吗? 皮多肉少又有毒,告诉你,白送给谁谁都不要。"说着,教授把土豆扔进了垃圾桶。

接着,教授又拿出一个土豆,看上去有一斤多重:"这是有机肥料栽培的土豆,个大新鲜无污染,6块多钱一斤!"

年轻人听得愣了。教授把大土豆塞到他手里,说:"做这样的土豆吧,记住,土豆和土豆是不一样的!"

心灵悄悄话
XIN LING QIAO QIAO HUA >>>

一个聪明人,如果他是忧郁的,总会找出足够的使自己忧郁的原因;如果他是快乐的,也会找到足够的快乐的理由。

第二篇 >>>

积极的自责是一剂良药

　　自责,顾名思义,是指因个人缺点或错误而感到内疚并谴责自己。如果自责有助于我们改善人际关系,有助于我们避免自我伤害,甚至有助于我们自我成长,那么这种自责就是"积极的",也就是有意义的;但如果这种情绪给我们带来沮丧、悔恨、郁闷、绝望等体验,并影响到我们的正常生活,那么,我们应该找到正确的方法着手管理它。只要我们保持一种"不完美的自己正在变得越来越好"的心态,自责就会化消极为积极!问题不在于我们能不能改变"消极的自责",而在于能否坚持。

自责可能是"有用"的

自责可能是"有用"的,它能帮助我们认识自己、改变行为;但自责也可能是"有害"的,它可能是一种应激障碍典型的症状。自责究竟是好是坏?我们首先需要放下的是"非对即错""非黑即白"的二元思维,毕竟生活中很多事情是不能简单地用对错加以衡量,一切都需视情形而定。

那我们究竟该如何面对自责?

第一,我们得学会意识到"自责"的存在。许多时候,我们感到难过,我们或许能强烈地感受到身体上的不舒服,但却未必能意识到那个时刻我们头脑中在想什么。究其原因在于,我们的思维久而久之常常会成为一种习惯,也叫作"自动自发",这个时候如果我们没有主动去注意自己思维的话,根本无法觉察到自己在想什么。

第二,当意识到存在"自责"的时候,我们不妨问问自己:"自责给我带来了什么帮助?"心理学常常用"功能性"和"失功能性"来表述我们心理活动的作用。顾名思义,前者指的是,这种心理活动是有帮助的。如果自责有助于我们改善人际,有助于我们避免自我伤害,甚至有助于自我成长,那么这种自责就是"积极的",也就是有意义的。反之则说是"失功能的",或者说是"消极的",有害的。

第三,如果我们意识到自己的自责是"消极"的时候,那么就需要着手开始管理自己的"自责"。自我反省式对话是一种很有用的方法,当我们意识到自己有过分的自责时,我们可以让自己回答三个问题。问题一:我是否一定要这样想? 问题二:我还可以怎么想? 问题三:既然有比较好的想法,为什么不那么想?

管理自责的难点在于由于习惯成自然,所以,它有时会成为我们个性的一部分,而人对改变总是望而生畏的。但好消息是,心理学的大量研究和实践告诉我们,改变某种思维方式是完全可能的。

自责——莫待无花空折枝

一位年轻人去看医生，抱怨生活无趣和永无休止的工作压力，心灵好像已经麻木了。诊断后，医生证明他身体毫无问题，却觉察到他内心深处有问题。医生问年轻人："你最喜欢哪个地方？""不知道！""小时候你最喜欢做什么事？"医生接着问。"我最喜欢海边。"年轻人回答。医生于是说："拿这三个处方，到海边去，你必须在早上9点、中午12点和下午3点分别打开这三个处方。你必须同意遵照处方，除非时间到了，否则不得打开。"

这位年轻人身心俱疲地拿着处方来到了海边。

他抵达时刚好接近9点，独自一人，没有收音机、电话。他赶紧打开处方，上面写道："专心倾听。"他开始用耳朵去倾听，不久就听到以往从未听见的声音。他听到波浪声，听到不同的海鸟叫声，听到沙蟹的爬动，甚至听到海风低诉。一个崭新、令人迷恋的世界向他展开双手，让他整个安静下来，他开始沉思、放松。中午时分他已陶醉其中，他很不情愿地打开第二个处方，上面写道："回想。"于是他回想起儿时在海滨嬉戏，与家人一起拾贝壳的情景……怀旧之情汩汩而来。近3点时，他正沉醉在尘封的往事中，温暖与喜悦的感受，使他不愿去打开最后一张处方。但他还是拆开了。

"回顾你的动机。"这是最困难的部分，亦是整个"治疗"的重心。他开始反省，浏览生活工作中的每件事、每一状况、每一个人。他很痛苦地发现他很自私，他从未超越自我，从未认同更高尚的目标、更纯正的动机。他发现了造成疲倦、无聊、空虚、压力的原因。

心灵悄悄话
XIN LING QIAO QIAO HUA >>>

情绪就是情绪，我们不能简单地把负性情绪等同于不好的情绪。如果自责带来的难过是帮助我们完善自我的动力，那么这种难过，或者说这种自责都是有价值的。

放弃你的固执

我们的生活丰富多彩,我们的世界纷繁复杂,所以我们的烦恼会更多,压力会更大。我们经常会遇到这样的情况:朋友约好下午和你谈公事,你如约而至,朋友先是问好,问你是否工作顺利。注意! 朋友便从此句开始如决堤的洪水,滔滔不绝了。你会听到抱怨身边的不平,生活的不公,以及人生的不幸;抱怨别人的不该和自己的点儿背……,这时你心中连连叫苦,完了,这个下午算泡汤了。

人们心中的积怨很多,但归根结底,都是由于人们的固执己见造成的。不要说自己受过教育、素质高、对人很宽厚,那只是片面的表象,实际上每个人都会有固执的一面,而且一旦固执起来会很难改变。可你怎样知道自己的固执呢? 不妨对照下面的问题来一次对固执己见的诊断。

1. 你总是不停地抱怨。

从早上一睁眼,你便在怨恨黑夜太短,面对镜中惺忪的睡眼,你不得不用冷水洗面。不足的睡眠让细细的"毛虫"不知不觉中爬上你的脸,让你恐惧得就快与青春无缘。该死的工作,该死的作息时间,该死的经理,该死的报酬不太可观。走出家门,迎来该死的空气不新鲜。卖早点的在哪里? 为何交通这样烦……想想我们整日在抱怨中工作,不知心里该有多难过。

2. 对你说来,似乎每个人都固执。

乍一听来这句话似乎不可思议,每一个人的固执怎么会同时面对自己,但往往事实就是这样,让你在不知不觉中不知道怎样面对别人,而对自己。实际上这又是你心中的固执在作怪,当你的思想有了改变,你感受到的一切外部事件都会随着你的改变而改变。很自然的,当你不能完全接受别人的意见时,你就会开始固执己见,听不进可吸纳的意见,不能正视事情的本源,你会认为别人都在针对你而固执己见。这时你就失去了解决问题的方法与机会。

3.你很难让他人来与你合作。

很多工作的顺利完成都要归功于群体的合作,群体的力量是不可忽视的。不论与你合作的人在你的眼里有多么差劲,你都不能轻视他工作的能力。细分起来没有什么事情是一个人能够独立完成的,尊重每一个人,不要轻视每个人的能力,因为每个人都会在他所在的位置起到你不可替代的作用。

4.每一项任务都要付出极大的努力才能完成。

做好任何事都不容易,但不要把任何事都想得过于困难,其实很多事做起来会很顺利,不会像你想象的那样有很多阻力。

5.没有什么事能够使你满意。

你是一个完美主义者,没有什么能够让你十分满意,你的代名词就是"可以""还行""不太满意",你会认为你的标准最完美。可你别忘了,有句老话这样讲:站得高摔得重。到头来受伤害的总是自己。

6.快乐与热心的人让你心烦。

我们周围总有一些热心人士,整天乐呵呵地嘘寒问暖,看别人是否有困难需要自己帮忙。这些人看起来让你有点烦,你冷漠、自信,有能力面对生活,面对事业,知道什么时候可放可收,不需要别人的关怀。可别忘了,你再八面玲珑,再滴水不漏,也有不行的一面,因为你普通,你也有脆弱的一面。

7.你处心积虑地要防止别人参与你正在干的事情。

这一点唯一的根源就是没有信任感。不相信别人的能力,盲目追求个人的成就感。如果你克服了上面的几点,这一点也就很好地解决了。不要怕别人会坏了你的事情,没人保证会不出差错,不论结果如何,别人的思路总会有好的一面让你借鉴。

8.人们不告诉你重要的信息,你便感到自己被排除在外。

有一天你会感到别人在秘密交谈,你侧面问起,别人都在含糊不谈,好像这事与你无关。把心放宽些,也许不关你的事,知道了兴许有负担。即使有关自己,让别人说去吧,我就是我,成为焦点不容易。

固执是一种病,一种心理的疾病,一个人的健康不光是身体的健康,更重要的是心理没病。如果以上8点有与你相符之处,最好的办法学会放弃,放弃固执己见解脱自己。

首先,放弃你一直坚持的意见与观点。无论什么事,如果在你前进的道

路上走得很艰难,不妨自检一下自己一直以来坚持的意见和观点。试着放弃它们,俗话说,退一步海阔天空嘛,如有差错还会有弥补的机会,重新回头也会有更大的动力。

其次,弄弄清楚为坚持你的立场而使你付出了什么样的代价。想想事实上的迂回战术吧,什么事情都不要硬对硬地交锋。即使你以强硬取得了胜利,退下阵来也会感知遍体鳞伤的伤害。任何矛盾都是人制造出来的,有伟人断言与人打交道是最麻烦的事。此种状况,以退为进不是更好。

再有,确定你的回报是否值得你为坚持自己的立场而付出的代价。

在一部电影中获得的启示:一个男孩借给了同学20美金,此后他的同学一见到他就跑,边跑边说"抱歉,今天不行,过两天我就还你"。每次都是这样,一直拖了很久,弄得这个男孩很恼火。于是他把这件事告诉了一直照顾他的老大。老大问他那个同学有能力偿还吗?他说没有。老大又问他那个同学是你的朋友吗,他说那个同学很讨厌,他不喜欢。之后,老大告诉他:首先错误在你,你不该把钱借给你不了解的人。其次,错误仍然在你,你考虑问题的思路不对,你用这20块钱就能永远摆脱这个你不喜欢的人,难道不值吗?

固执是每个人都会有的,有时是别人的错误,不妨去心甘情愿地与他沟通,尝试着从另一个角度来看问题;有时是我们的错误,由于想推卸责任而去指责别人,没说的,你应该道歉;工作中,承诺去理解并尊重对方的工作模式,在此基础上,共同创建新的合作关系。

心灵悄悄话
XIN LING QIAO QIAO HUA >>>

学会宽容,以仁者之心待人,对了人际关系和个人生活,承担起全部责任,因为,你是你生命的主宰。

自责是一种力量和境界

责怪自己是一种力量,而习惯于责怪他人的人迟早招致怨恨,一个勇于律己的人无疑是高尚的,他会因此有包容整个世界的力量,让所有人钦佩其不凡的风度并乐于交往。其实就算别人真有可以谴责之处,过分地责怪也是于事无补的,生气更不能解决任何问题,而从自身检讨才是一条唯一可行的道路。在这个世界上最难以战胜的敌人其实就是自己,如果一个人已经到了只剩下自己这一个对手时,实际上他已经是天下无敌了。

怨天尤人其实是一种懦弱,更是一种不成熟的表现,还掩盖了自己不能面对的现实,还留下了将来可能重蹈覆辙的隐患。而不主观地责怪他人还会衍生出新的矛盾。

有一个早几年就下海开公司的人近来走了"霉运",原本蒸蒸日上的业务突然间屡屡失败,公司里多年来一直忠心耿耿跟随他左右的两个业务副总管离开了他,甚至"跳槽"到他竞争对手的公司去了。

在内外交困之中,这个人并没有认真、及时反省自己,反而一味地责怪过去的战友背叛了自己,因此沉湎于愤怒和伤心之中,不再相信别人,动不动就发脾气,结果是恶性循环,整个公司上下人心涣散,陷入了更大的困境。

其实公司经营上出现了问题,作为公司老总的他,理所当然首先就不可能推卸自己的失误,即使是别人背叛也首先是他用人不当,如果老是怪东怪西,把所有的过错归咎于他人,那么必将面对更大的危险。所幸的是这个人在家人的提醒下终于醒悟过来,开始承认自己过去各方面的失误之处,并客观总结因为自己的固执已经带来的失败和教训。

小时候,每当我们不小心摔倒后,第一个念头就是找找看是什么东西绊了脚,我们总是怪别人乱放东西,实在找不到什么还可以怪路不平。尽管那

样做对于疼痛的减轻并没有直接效果，但能找到一个可以责怪的对象多少算是一种安慰，可以证明自己没有责任。

一个真正意义上的强者并不是一个一帆风顺的幸运儿，必然要经历各种痛苦和挑战，而战胜一切困难的人首先必须战胜自己，战胜自己的前提就是反省自身，只怪自己。

只怪自己是一种解脱。

因为我们不肯认错无非是顾及自己的面子，不肯承认自己的失败，事实上这个世界上从来就没有常胜将军，所有自我的包袱和面子在勇敢地承认自己的失误之时就已经悄然放下了，他会因此变得轻松，所谓"吃一堑，长一智"，善于总结自己的人就会把失败的教训变成自己的财富。

心灵悄悄话
XIN LING QIAO QIAO HUA >>>

遇到挫折，无论怎样怪别人，最终都是徒劳无益的。那么我们也只能是怪自己没有选择好，因为任何时候只怪自己，始终是最明智、正确的生活态度。

是什么让你屹立不倒（一）

细心检讨挫折的因果很重要。你一定要正视失败以免重蹈覆辙。许多事业上受过重大挫折而屹立不倒的人，原先最普遍的失败原因有六点。不管你是企业行政人员或者是一般群众，你都可能发现自己受过同样的挫折。

检讨失败原因之一：运气不好

有的时候，一些无可奈何的事情会发生。有一天，你发现最高管理阶层人事大变动，一位陌生人做了你的上司。这位陌生人要聘用他自己的班子。你被挤走或者被革职了。

你该怎么办呢？

第一，事情既然发生了，千万不要自怨自艾。

第二，切记你总有别的选择，虽然有些出路并不太明显。

汤玛士本来是战斗机驾驶员，脱离空军后，在费城入了保险行业。8年过去了，公司老早答应给他升级，然而却一直没有下文。他辞职不干。下一个职位是一家较小保险公司的经理。过了9年，他却被开除了。

有一段时间，他试做财务顾问生意。但由于资金不足，很快就关门了。他说："我那时已47岁，经济十分拮据，真是走投无路，我觉得自己是个失败者。"

汤玛士太太是天主教徒，天天祈祷天主。"每天早上我都到教堂祷告，祈求时来运转。有一天，我重重复复听到三个字。我觉得前一年去世的婆婆要告诉我什么事情似的。那三个字是'做芥末'。"她家有一份俄国传来的做芥末的食谱，每年圣诞，汤玛士夫妇就做这种芥末送给亲友。

太太告诉汤玛士说，她相信他妈妈吩咐他们试一试做点新事业。起初汤玛士以为太太疯了，但细心一想，这起码是一个值得考虑的主意。他说："我拗不过你和我的妈妈，我们做吧。"他找当地卖乳酪的店铺商量。店东尝

过芥末后,向汤玛士夫妇买下了整批货品。

机缘、巧合、灵机或者冥冥中的声音——谁能肯定主意是怎么来的呢?在别无他法的时候,我们大家都可以听听心灵深处的声音。也许有什么好主意正在那儿酝酿呢。

机会飘忽不定,你最初所向往的目标可能半途又更改了。但是,只要你能想清楚失败的关键,只要你想到自己是个永远有选择余地的人,算是得到了价值无穷的教训了。

真正精明的人其特色是什么呢?他们懂得学乖。

检讨失败原因之二:目标太散

有些人做的事情很多,结果没有一样做的精。

有一位房产商人,居然记不清自己手头到底有多少宗交易。他先是做一座建筑物的生意,接着增加到两座,后来信用更大了,终于扩展到别的业务。他回忆说:"刺激得很,我在试验自己的极限。"

有一天,银行来了通知,说他扩张过度,冒了太大风险,并停止给他信贷。这位奇才于是失败了。

起初他怨天尤人,埋怨银行,埋怨经济环境,埋怨职员。最后他说:"我明白我没有量力而为,欲速不达。"

答案是重定目标,找出他最拿手的生意——发展地产。他熬了好几年,终于又慢慢振作了起来。如今,他又是一位成功的商人,做事也更有分寸了。

有自知之明,分轻重缓急,组织好生意活动,这些都是成功之道。

检讨失败原因之三:入错了行

入错了行你可能说不上是完全失败。你可能只是受了配合不当的累,成功有赖于你能把才干、兴趣、个性、风格和价值观念配合你的工作。

布朗是美国一位最成功的电影制片家,先后被 3 家公司革职,才体会到大机构生活对他不合适。他在好莱坞晋升为 20 世纪霍士公司第二号人物,后来建议摄制《埃及妖后》,不料这部影片卖座奇惨。接着公司大裁员,他也

被裁掉了。

在纽约,他在新阿美利坚文库任编纂部副总裁,但是几位东主延聘了一位局外人,而他和这人意见不合,于是又被开除。

回到加州,他又进了20世纪霍士公司,在高层任职6年,不过董事局不喜欢他所建议拍摄的几部影片,他又一次被革职。

布朗开始仔细检讨自己的工作态度。他在大机构做事一向敢言、肯冒险,喜欢凭直觉处事。这些都是当老板的作风。他痛恨以委员会的方式统筹管理,也不喜欢企业心态。

分析了失败的原因之后,布朗自立门户,摄制《大白鲨》《裁决》《天茧》等影片。布朗并不是一位失败的公司行政人员,他天生是个企业家,过去一直没有发挥潜力而已。

心灵悄悄话
XIN LING QIAO QIAO HUA >>>

任何人在成功之前,都是默默无闻的,普通得犹如大海里的一滴水。如果你保持一种平稳的心态,别忘了为自己喝彩,多给自己一点信心,并无怨无悔地坚持下去,那么总有一天你会成功的。

是什么让你屹立不倒（二）

检讨失败原因之四：无形障碍

人们往往用年龄歧视、性别歧视、种族歧视做失败的借口，但有更多时候，这些真的是失败的原因。

以纽约一位雕塑家为例，她的作品在一家著名美术馆展出多年，后来这家美术馆的老板过世，美术馆也关了门。这位40多岁的女雕塑家发现别的美术馆都不要她的作品，大为诧异。最后，一位美术品商人解释问题所在，他说："你年纪太大了。"她简直不相信自己的耳朵，不过那位商人继续解释说，美术厅要的是能够让批评家去"发现"的新秀，不然就要那些作品售价最高的成名大师。她年龄不大不小，价钱又不高不低。

她听了很不高兴，但还是记在心里。她从此不再漫无目的地去找出名艺术商，却开始自己推销作品，结果非常成功。

其实，要克服无形障碍十分困难。像这位雕塑家一样，越来越多的人在遇到这些障碍之后，就考虑自立门户。即使是人生失意时，守株待兔总是比较舒服的。可是，你必须认真分析自己的处境之后，强迫自己另谋生路，重新掌握生活，创造前途。

检讨失败原因之五：不能投入

我们访问了一位律师，他直言不讳地说："我的确没有追求到我的愿望。"其实这也不足为怪。他从来就没有认真尝试，免得招致失败。只要他不投入，不下定决心，他就总可以对自己说：我反正并不那么重视这件事。

他在一家有名望的法律学院毕业后，加入了美国西岸一家大商行，希望在娱乐事业部门学得专长，可是不知为何，结果是事与愿违。于是他说："我采取了不冷不热的做事态度，不违逆资深股东，又不真的去做好工作。"

他搬到东岸，加入了一家律师事务所。6个月之后，上头示意请他辞职，因为他显得没有朝气蓬勃的干劲。他说："我才不在乎呢。反正我本来就不

喜欢这家律师事务所。"现在,他执业专做娱乐事业方面的法律事务,但始终不满意。他说:"不瞒你说,这是小生意。"

妄自菲薄是失败的主因。如果想立志做一件事,甚至希望事事成功,你就一定要相信自己做得到。雇主寻求这种自信品质,不下于寻求雇员的任何其他资格。不看重自己的人,就算说话句句得体,语调往往还是带着疑问。你的自尊表现得越强越好——即使你其实自视不那么高也不要紧。你要像戏剧演员一样注意你的声音和动作,千万让别人听起来觉得你有自信。不妨试用录音机录下一次假想的面试,自己细听一次。

检讨失败原因之六:处世无方

因为这个原因而失败的人,多半会归咎"办公室权术"害了他们,但所谓权术,说不定只是正常的人际关系而已。如果你弄不好"办公室权术",其实很可能是你不懂得怎么和别人相处。你可能单靠精明能干暂时混得不错,但大多数事业都不由你唱独角戏。

你可能有很高深的学术知识,却仍然缺乏社会知识——耐心倾听、推己及人、批评中肯而又能接受批评的能力。社会知识高的人肯承认错误,甘受责备,再做下去。他们懂得怎样博取整体支持。

如果人们不喜欢你,他们对你可能败事有余,成事不足。

相反,只要你精于处世之道,则犯了严重错误也没事。许多能力平庸的管理人员,都能安然度过公司的人事大变动,原因就在于他们和人交往时,通情达理,讨人喜欢;一旦有错,支持他们的人总会帮他们补过。事实上,犯了一次错之后,如果老板觉得他们以练达负责的态度来处理这次错误,说不定他们的事业反而会更上一层楼。

处世之道是后天养成的技巧,可以越练越精。就像有礼貌一样,是可以学的。

心灵悄悄话
XIN LING QIAO QIAO HUA >>>

我们不能总是欣赏别人,而忽略了自己的优点;不能一味地与他人比较,而最终失去了自我。有人说:"生活中并不是缺少美,而是缺少发现美的眼睛。"认同自己,学会欣赏自己,你就会发现一个全新的自己。

别让退缩成为你的借口

美国总统罗斯福是一个有缺陷的人,小时候是一个脆弱胆小的学生,在学校课堂里总显露一种惊惧的表情。他呼吸就好像喘大气一样。如果被喊起来背诵,立即会双腿发抖,嘴唇也颤动不已,回答起来,含含糊糊,吞吞吐吐,然后颓然地坐下来。由于牙齿的暴露,难堪的境地使他更没有一个好的面孔。

像他这样一个小孩,自我的感觉一定很敏感,常会回避同学间的任何活动,不喜欢交朋友,成为一个只知自怜的人!然而,罗斯福虽然有这方面的缺陷,但却有着奋斗的精神——一种任何人都可具有的奋斗精神。事实上,缺陷促使他更加努力奋斗。他没有因为同伴对他的嘲笑而减低勇气。他喘气的习惯变成了一种坚定的嘶声。他用坚强的意志,咬紧自己的牙床使嘴唇不颤动而克服他的惧怕。

没有一个人能比罗斯福更了解自己,他清楚自己身体上的种种缺陷。他从来不欺骗自己,认为自己是勇敢、强壮或好看的。他用行动来证明自己可以克服先天的障碍而得到成功。

凡是他能克服的缺点他便克服,不能克服的他便加以利用。通过演讲,他学会了如何利用一种假声,掩饰他那无人不知的龅牙,以及他的打桩工人的姿态。虽然他的演讲中并不具有任何惊人之处,但他不因自己的声音和姿态而遭失败。他没有洪亮的声音或是威重的姿态,他也不像有些人那样具有惊人的辞令,然而在当时,他却是最有力量的演说家之一。

由于罗斯福没有在缺陷面前退缩和消沉,而是充分、全面地认识自己,在意识到自我缺陷的同时,能正确地评价自己,在顽强之中抗争。不因缺憾而气馁,甚至将它加以利用,变为资本,变为扶梯而登上名誉巅峰。在晚年,已经很少有人知道他曾有严重的缺憾。

有人说，不管是什么事情都要给自己留一条退路。在我看来，"退路"只是逃避的另一种说法。生活中，倘若一个人常将"退路"挂在嘴边，那这便是"败有退路"，因为留有退路的时候，就潜藏着懈怠和自我安慰。当它发展到自我麻痹、自我毁灭的时候，"退路"何在？

一个人要想干好一件事情，成就一番伟业，就必须心无旁骛、全神贯注地投入进去，并持之以恒地追逐既定的目标。

但人是有惰性和太多欲望的动物，要做到这一点实在不易，总有战胜不了身心倦怠的时候，或抵御不住世俗诱惑而想去享乐，使事业半途而废。

世界成功学的鼻祖拿破仑·希尔，在他全球畅销几千万册的《思考致富》中就提到过"过桥抽板"。当然，在此处这四个字的意思不是要我们"过河拆桥"，而是告诉我们在做一项无法轻松实现的事情时，最好切断自己的退路，这样才能激发我们的潜力，义无反顾，坚持到底。

断掉退路来逼着自己成功，是许多明智者的共同选择。

古希腊著名演说家戴摩西尼年轻时为了提高自己的演说能力，躲在一个地下室练习口才。由于耐不住寂寞，他时不时就想出去溜达溜达，心总也静不下来，练习的效果很差。无奈之下，他横下心，挥动剪刀把自己的头发剃去了一半，变成了一个怪模怪样的"阴阳头"。

这样一来，因为羞于见人，他只得彻底打消了出去玩的念头，一心一意地练口才，一连数月足不出室，演讲水平突飞猛进。经过一番顽强的努力，戴摩西尼最终成了世界闻名的大演说家。

在生活中，我们常常对事情拿不定主意，无法全神贯注地投入一件事。这是因为有这样或那样的顾虑在约束着我们，让我们始终无法释怀。我们面对着所有事情的"两面"，总是想着一个两全其美的"解决办法"，而事实上，十全十美的事几乎是没有的，因此我们必须切断事情的一面，朝着另一面勇往直前。没有了顾虑，也就没有了后退的理由，而"一心想着成功"也"迫使"我们发挥出真实的能力，让我们得以全神贯注在"目标"上。

说到底，"退路"使我们永远无法达成目的，终究只是一种逃避、一种失败的委婉说法而已。不给自己留退路，不因任何事情而退缩。"穷且益坚，不坠青云之志"才是我们真正应当做到的。

背水一战，犹能成功，从绝望中寻找希望，只有不留退路，才容易赢得出路，走向成功。

人生路上，我们必须做一个勇者，勇往直前，不畏困难与艰险！前怕狼，后性虎，太多顾虑，只能让我们一次次地失去机会。现实上有许多人就是因为给自己总是顾虑太多，而留太多退路，从而让自己勇气不足，力量不足，从而导致失败。从另一个角度来说，退路可以保全，退路可以保存实力，从而东山再起，但所有的退路都必须建立在积极进取的基础之上，任何消极的退路，任何逃避的退路，任何借口的退路，都将是成功的绊脚石！

心灵悄悄话

XIN LING QIAO QIAO HUA >>>

一个智慧的开拓者必是懂得什么时候当全力进取，不惧一切，什么时候当全身而退，他们懂得把握退让与进取的平衡。

第三篇 >>>

在跌倒的地方欣赏风景

生命总是在不可捉摸中渐渐成长，最后又在渐渐成长中漫漫地悄悄地逝去。有的在自责中坚强，有的在自责中放弃，但无论坚强还是放弃，都没有错与对。跌倒后我们可以选择重新站起来继续往前走，像试飞的小鹰一样为了能翱翔于蓝天再次试飞，也可以像小鸡一样放弃翱翔于蓝天。是快乐还是痛苦？是成功还是失败？就在于一个"选择"。同样，你能做到的事别人也不一定能？我们要和自己比，只要你发现现在的你比以前的你更快乐更有成功感，这就说明你已经进步了。

我们的最终目的是幸福

在美国有这样一件事:有一位青年在一家公司做得很出色,他为自己描绘了一幅灿烂的蓝图,对前途充满信心。突然这家公司倒闭了,这位青年认为自己是世界上最不幸,最倒霉的人,他垂头丧气。但是他的经理,一位中年人拍了拍他的肩说:"你很幸运,小伙子!""幸运?"青年人叫道。"对,很幸运!"经理重复一遍,他解释道:"凡是青年时候受挫折的人都很幸运,因为你可以学到如何坚强。如果一直很顺利,到了四五十岁,忽然受挫,那才叫可怜,到了中年再学习,实在是太晚了。"

生命总是在不可捉摸中渐渐成长,最后又在渐渐成长中慢慢地悄悄地逝去。有的在困难中坚强,有的在困难放弃,但无论坚强还是放弃,都没有错与对。

跌倒后我们可以选择重新站起来继续往前走,像试飞的小鹰一样为了能翱翔于蓝天再次试飞,也可以像小鸡一样放弃翱翔于蓝天。是快乐还是痛苦? 是成功还是失败? 就在于一个"选择"。

但最终的目的只有一个"幸福"。真正的幸福,不是羡慕不是嫉妒。人,永远不要和别人比,别人能做到的事你不一定能? 同样,你能做到的事别人也不一定能? 我们要和自己比,只要你发现现在的你比以前的你更快乐更有成功感,这就说明你已经进步了。

我们要为自己的进步而高兴,要为自己现有的成绩而祝贺,要为自己拥有明天的阳光而骄傲。不要因为想做别人想成为别人而折磨自我,不要拿别人的权利和金钱来作为自己努力的动力,那样你就不再是你,最后,你不但没有达到自己预期想要的结果,反而失去了自己,失去了自己应该得到有一切,这难道不是吗?

俗话说:走自己的路让别人去说吧! 路是走出来的,再长的路只要你一

直不停地走，最后你将走完，再短的路如果你一步不走，最后你还是不能把它走完。

路上，可能会发生我们无法预料的事，它可能是一阵狂风或是一阵风驰电掣的暴雨，是阳光明媚或是黑暗的深渊，是大声地哭泣或是幸福的高歌。

总之，无论是狂风还是风驰电掣的暴雨，无论是阳光明媚还是黑暗的深渊，无论是大声地哭泣还是幸福的高歌，我们都会一直坚持地走下去，我们要做蓝天翱翔的雄鹰而不是小鸡，跌倒了再站起来，永远都要记着"现实是残酷的，现实永远不会同情你的眼泪"。

心灵悄悄话
XIN LING QIAO QIAO HUA >>>

俗话说：走自己的路让别人去说吧！路是走出来的，再长的路只要你一直不停地走，最后你将走完，再短的路如果你一步不走，最后你还是不能把它走完。

大气有大美

大气,与丑美无关,和贫富无关,和地位无关,它是一份深入骨髓的优秀品质。不管你走在泥泞不堪的沼泽还是坎坷不平的山路,不管你奔跑在无际的荒原还是行走在熙熙的人群,它,都会让你展示出一份摄人魂魄的大美。

大海大气,不拒绝点滴清澈的细流抑或浑浊的污水,于是,她的心胸更加宽阔,拥有了浩瀚与澎湃;高山大气,不嫌弃一块石头的丑陋、一棵小草的高度,于是,她的身姿更加伟岸,拥有了巍峨与坚定;蓝天大气,不厌恶一朵白云的飘逸、一只小鸟的鸣啾,于是,她的眼界更加辽远,拥有了广袤与无垠。

尽管,我无法给大气下一个定义,但是在茫茫人海中,能拥有这份品质的人是那么令人称道,为人喜爱。大气之人在他的周围自然而然有着许多愿意与之交往相处的人群。他的优秀会成为一种强大的吸引力,让形形色色的人不由自主地围拢到他的身边来,心甘情愿地帮助他完成他想成就的事业。古往今来,那些能成就大事的人无一例外都拥有了这一宝贵品质。不信请看:

韩信大气,能够忍受胯下之辱,才有了后来的西汉的开国名将,汉初三杰之一。刘备大气,能够不计较诸葛亮的恃才傲气,屈尊纡贵地三顾茅庐,感动了诸葛亮一生为其鞠躬尽瘁死而后已,由此才成就了蜀国的大业;苏轼大气,能够在被贬谪之时不戚戚于贫贱,吟咏出"大江东去,浪淘尽,千古风流人物……"这样气势恢宏、心态旷达的传世名篇……

大气之人能够不畏权势,不汲汲于富贵,高洁情操,淡泊名利。做到:富贵不能淫,贫贱不能移,威武不能屈。大气之人能够宠辱不惊,淡然对待得与失。大气之人心胸豁达,坦荡,能够以德报怨。大气之人能够没有私欲,襟怀宽阔,所以能做到不斤斤计较,不蝇营狗苟。大气之人能严以律己,宽

以待人，看人看长处，用人用优点。

大气之人虚怀若谷，面对别人的批评或指责，不是记恨仇视，更不是打击报复，而是反思自己的不足，有则改之无则加勉，让自己日臻完美。大气之人不会牢骚满腹，不会自怨自艾，面对困境总是采取积极的心态去化不幸为幸运，化艰难为顺利。大气之人不仅遇到困难险阻能勇敢面对，而且在顺境时更是保持清醒的头脑，从不会洋洋得意，不可一世。

大气之人自信但不自负，不会把自己的缺点当成鲜花供养，不会为掩盖自己的错误而百般狡辩，更不会盲目自信打肿脸充胖子来维护所谓的自尊。大气之人在自信的同时也信任他人，不会把时间用在猜忌他人身上，而会用满腔真诚去赢得他人的真诚相待。

有一位著名的音乐家，在成名前曾经担任过俄国彼德耶夫公爵家的私人乐队的队长。

突然有一天，公爵决定解散这支乐队，乐手们听到这个消息的时候，一时间全都面面相觑、心慌意乱，不知道如何是好。看着这些和自己一起同甘共苦许多年的亲密战友，他睡不安寝、食不甘味，绞尽脑汁、想来想去，忽然有了一个主意。

他立即谱写了一首《告别曲》，说是要为公爵做最后一场独特的告别演出，公爵同意了。

这一天晚上，因为是最后一次为公爵演奏，乐手们表情呆滞、万念俱灰，根本打不起精神，但是看在与公爵一家相处这些日子的情分上，大家还是竭尽所能、尽心尽力地演奏起来。

这首乐曲的旋律一开始极其欢悦优美，把与公爵之间的情感和美好的友谊表达得淋漓尽致，公爵深受感动。渐渐地，乐曲由明快转为委婉，又渐渐转为低沉，最后，悲伤的情调在大厅里弥漫开来。

这时，只见一位乐手停了下来，吹灭了乐谱上的蜡烛，向公爵深深地鞠了一躬，然后悄悄地离开了。过了一会儿，又有一名乐手以同样的方式离开了。就这样，乐手们一个接着一个地离去了，到了最后，空荡荡的大厅里，只留下了他一个人。只见他深深地向公爵鞠了一躬，吹熄了指挥架上的蜡烛，偌大的大厅刹那间暗下了下来。

正当他也像其他乐手一样，真要独自默默地离开的时候，公爵的情绪已

经达到了顶点，他再也忍不住了，大声地叫了起来："这是到底怎么一回事呢?"他真诚而深情地回答说："公爵大人，这是我们全体乐队在向您做最后的告别呀!"这时候公爵突然省悟了过来，情不自禁地流出了眼泪："啊! 不! 请让我再考虑一下。"

就这样，他用一首《告别曲》的奇特氛围，成功地使公爵将全体乐队队员留了下来。他就是被誉为"音乐之父"的世界著名音乐家——海登。

心灵悄悄话
XIN LING QIAO QIAO HUA >>>

在滚滚红尘中，作为芸芸众生的你我有不少人会这样做：你对我不好，我也不会对你好。比如，在被抛弃、被辞退、被退学的时候，注注会愤愤离去，甚至采取报复行为；还有这样一种情况，有的人在抛弃对方或者准备跳槽时，也不愿意给对方留下一个好的印象，结果出现了一种糟糕的结局。

生命是一种慢慢地领悟

生物学家说,飞蛾在由蛹变茧时,翅膀萎缩,十分柔软;在破茧而出时,必须要经过一番痛苦的挣扎,身体中的体液才能流到翅膀上去,翅膀才能充实有力,才能支持它在空中飞翔。

一天有个人凑巧看到树上有一只茧开始活动,好像有蛾要从里面破茧而出,于是他饶有兴趣地准备见识一下由蛹变蛾的过程。

但随着时间的一点点过去,他变得不耐烦了,只见蛾在茧里奋力挣扎,将茧扭来扭去的,但却一直不能挣脱茧的束缚,似乎是再也不可能破茧而出了。

最后,他的耐心用尽,就用一把小剪刀,把茧上的丝剪了一个小洞,让蛾出来可以容易一些。果然,不一会儿,蛾就从茧里很容易地爬了出来,但是那身体非常臃肿,翅膀也异常萎缩,耷拉在两边伸展不起来。

他等着蛾飞起来,但那只蛾却只是跌跌撞撞地爬着,怎么也飞不起来,又过了一会儿,它就死了。

生活有快乐就有痛苦,故事有开始就有结束。岁月是一种轮回,人生是一种历练。成长会让人学会坚强,在经历了许多之后,我们才能更好地体会生活,懂得生活,学会生活。

慢慢地才懂得,人的一生不可能是一帆风顺的,你可能正经历着失恋的痛苦,也可能正经历着生活的没落。或是更大的人生磨难。但无论你是快乐的时候,还是悲伤到了极致,都要学会放下,当你紧握双手,里面什么都没有,当你松开双手,就可以去拥抱世界。放下是一种解脱,是一种顿悟,是一种生活的智慧。

放下了,心静了,人生也会随之风平浪静,命运不会总是偏袒你,也不会总是忽略你。它在为你关上一道门的时候,也会为你开一扇窗,学会放下,

你的人生将会豁然开朗，生命才能够月朗风清。

慢慢地才懂得，人的一生总会有一次心动的遇见。总会有一个人教会你如何去爱了，却成为你生命中的过客。总会有一个人让你痛的最深笑的最美丽。总会有一个人让你有蓦然回首，那人就在灯火阑珊处的感动，也总会有一个人让你有愿得一人心，白首不相离的决然。与你执子之手，与子偕老给你一生的幸福。

爱情，就像握在手里的沙子，你握得越紧就越会失去。佛说，人不可太尽，事不可太尽，凡是太尽，缘分势必早尽。人生最幸福的事就是一转身，发现你爱着的人也正爱着你，喜欢一个人淡淡的就好，然后轻轻地放在心里，爱一个人浅浅的就好，然后生生世世一直到老。

慢慢地才懂得，岁月经得起多少等待，很多人还没来得及说再见就离开了，很多事还没来得及做就已经成为过往了。生命中，谁不曾伤过，痛过，失落过，遗憾过。不是所有的擦肩而过都会相识，不是所有的人来人往间都会刻骨。却原来，千帆过后的离散不过是这世上最平凡的结局。

渴望每一次伸手都能握住一份真诚，喜欢每一次对视都能看到一份暖。有的时候，刹那就是永恒，感怀人生的际遇。珍惜每一次重逢。岁月沧桑当爱已成歌。生命中留下的只有温暖和感动。

心灵悄悄话
XIN LING QIAO QIAO HUA >>>

"不经历风雨，怎能见彩虹"，任何一种本领的获得都要经由艰苦的磨炼，"梅花香自苦寒来，宝剑锋从磨砺出。"任何投机取巧或妄图减少奋斗而达到目的的做法都是见识短浅的行为。

经历是一种财富

这是一个早上，妈妈正在厨房清洗早餐的碗碟。她有一个四岁的小孩子，自得其乐地在沙发上玩耍。

不久之后，妈妈听到孩子的哭啼声。究竟发生什么事呢？妈妈还没有将手抹干，就冲出去客厅看看孩子去了哪里。

原来，孩子仍坐在沙发上；但是，他的手却插进了放在茶几上的花樽里。花樽是上窄下阔的一款，所以，他的手伸了进去，但拿不出来。母亲用了不同的办法，把卡着了的手拿出来，但都不得要领。

妈妈开始焦急，她稍为用力一点，小孩子就痛得叫苦连天。在无计可施的情况下，妈妈想了一个下策，就是把花樽打碎。可是她稍有犹豫，因为这个花樽不是普通的花樽，而是一件价值连城的古董。不过，为了儿子的手能够拔出，这是唯一的办法。结果，她忍痛将花樽打破了。

虽然损失不菲，但儿子平平安安，妈妈也就不太计较了。她叫儿子将手伸给她看看有没有损伤。虽然孩子完全没有任何皮外伤，但他的拳头仍是紧握住似的无法张开。是不是抽筋呢？妈妈又再惊慌失措。

原来，小孩子的手不是抽筋。他的拳头张不开，是因为他紧捉着一个十元硬币。他是为了拾这一个硬币，所以令手卡在花樽的口内。小孩子的手伸不出来，其实，不是因为花樽口太窄，而是因为他不肯放手。

最痛苦的，莫过于徘徊在放与不放之间的那一段。真正下决心放弃了，反而，会有一种释然的感觉，从此，痛和爱都深深埋进心里，因为感情是不能勉强的，也勉强不来，就算死死地抓住，抓住的是什么？

人生就是这样，难免有痛，难免有伤。无论是否曾经抓住抑或远去，那些东西都不可能离我们而去；虽然有些事不能回首，有些回忆不能梳理，有些人只能永远埋藏。

一个人一生可以爱上很多人的，而等你获得真正属于你的幸福之后，你就会明白以前的放弃其实是一种财富，放弃让你学会更好地去把握和珍惜，不是因为你得到了想得到的，而是因为你是在为自己而活，所以你要学会放弃。

放弃是一门艺术，它不是叫你盲目地逃避，而是要你明白痛苦的维系还不如放弃！学会放弃，在落泪以前转身离去，留下简单的背影，将昨天埋在心底，留下最美好的回忆。学会放弃，让彼此都能有个更轻松的开始，遍体鳞伤的爱并不一定就刻骨铭心！爱一个人，就要让他快乐，让他幸福，使那份感情更诚挚，如果你做不到，还是放手吧！

许多的事情，总是在经历过以后才会懂得，比如感情，痛过了，才会懂得如何保护自己；傻过了，才会懂得适时的坚持与放弃，在得到与失去中我们慢慢地认识自己，其实，生活并不需要这么些无谓的执着，只是别伤害自己。

你改变不了环境，但可以改变自己。因为年轻，所以会经历一些事情，没有人能够永远快乐幸福地过每一天；没有人能够坦然地面对自己的坚强和软弱，让你成熟的，是经历与磨难；让你幸福的，是宽容与博爱；让你心安的，是理解与信任。

你改变不了事实，但你可以改变态度，有些东西就是无法改变的。也许，是因为还没有找到真正的梦想；也许，还在追求那永远不会有的完美；我们曾虚荣过，幻想过，为狭隘的目标奋斗过，待到重新回头看时，觉得很多事情都云淡风轻了。

你改变不了过去，但你可以改变现在，过去的就让它过去，会在未来走得更加好；因为抛弃了不必要的包袱，生活才会更美好。人生如此短暂，有什么理由，不去好好地生活呐！有太多的事情要你去做，有很重要的人等着你去珍惜，不要回头看，前面的世界才更精彩。

你不能预知明天，但你可以把握今天，"森林中有一个分岔口，我愿选择脚印少的那一条路，这样我的一生会截然不同"。一条路走的人多了，总会弄得泥泞不堪，总会弄得尘土飞扬，为何不换一条路走走，也许一切将会是另一种样子；把握自己的今天，那么明天绝对会更好。

你不能左右天气，但你可以改变心情；你对生活微笑，那么生活也对你微笑，让我们的心不再压抑，让它解脱吧，让自由的心灵飞翔，去迎接那绚丽的阳光吧！

自责——莫待无花空折枝

你不能选择容貌,但你可以展现笑容,和千万人相遇,和千万人相离,生命中寻找一个能够真实相伴的人、真实信任的朋友,就是幸福,这是心灵的慰籍。

看人不能只看外表,看物不能只看表象,做人不要做得太死,说话不能说得太绝,凡事没有绝对的错与对,人也没有绝对的好与坏,有时看上去静如止水的深潭,说不定却是暗潮涌动,只对自己好的人不一定就是好人,跟自己关系不好的人也不一定就是坏人。

心灵悄悄话
XIN LING QIAO QIAO HUA >>>

做自己该做的、爱自己所爱的,好好珍惜爱自己的,只有经历得越多也就会懂得更多。

你是独一无二的

不要拿自己去跟别人比较而贬低自己,每个人都有自己的特点,每个人都是独一无二的奇迹。尺有所短,寸有所长,不必拿自己的优点与别人的缺点做比较,也不必经常自叹某某处总不如人,因为没有谁可以号称完美。人生的缺憾,最大的就是拿自己和别人相比。和高人相比使我们自卑;和俗人相比使我们下流;和庸人相比使我们自满。外来的比较是我们动荡不能自在的来源,也使得大部分的人都迷失了自我,障蔽了自己心灵原有的氤氲馨香。不要将别人认为重要的东西,当作自己的人生目标。生活中有一种人,很在乎别人对他的看法,完全以别人的评价为行事准则。

别人说好,他就按人家的想法和意思去做;别人说不好,他就会后悔、恐慌、自责、情绪低落。他时时为别人的看法担心、害怕、烦恼、痛苦,经常掩饰自己,迎合他人,不知道自己是谁。挪威大剧作家易卜生有句名言:人的第一天职是什么? 答案很简单:做自己,是的,做人首先要做自己。要认清自己,把握自己的命运,实现自己的人生价值,只有这样,才真正算是自己的主人。不要对最熟悉的事物熟视无睹,什么是我们最熟悉的事物,可能就是你最容易忽略的亲人、朋友、爱情、时间、工作、身体、信誉。这一切才会成就现在的你,没有了这一切,你只是孤家寡人,寸步难行。如果你忽略了与你最有缘的事物,那么就等于将财富从身边推开。只有利用好你身边的一切资源,才可能在生活和事业的道路上顺风顺水,更上一层楼。

不要沉迷于过去或未来,而让生命从指缝溜走。脚踏实地、懂得充分利用现在的人,决不会对将来的未知生活抱太多的幻想,也不会对往日的失败或辉煌过多地追悔留恋。他们清楚,只有珍视今天的生活,才不会使生命变得空虚,变得了无生趣。不要因为明日的海市蜃楼而践踏今日脚下的玫瑰,使得本可以建功立业的时机,悄悄远去。不要在自己还可以付出的时候选择放弃,凡事都不会在决定放弃努力之前真正结束。如果你有99%想要成

功的欲望,却有1%想要放弃的念头,这样只能与成功无缘。拿破仑·希尔说:在放弃所控制的地方,是不可能取得任何成就的。轻言放弃是意志的地牢,只有打破思维的禁区,勇于突破和发展,才能带来果实累累、展颜微笑的那一刻。

不要害怕承认自己不完美,世界并不完美,人生当有不足。留些遗憾,反倒可使人清醒,催人奋进。有句话叫:没有皱纹的祖母最可怕,没有遗憾的过去无法继续链接人生。对于每个人来讲,不完美是客观存在的,无须怨天尤人。在羡慕别人的同时,不妨想想,怎样才能走出误区。或善良美化;或用知识充实;或用一技之长发展。生命的可贵之处,就在于看到自己的不足之处后,能够坦然地自我接受。不要害怕冒险或遭遇危险,生命运动从本质上说就是一次探险,如果不是主动地迎接风险的挑战,便是被动地等待风险的降临。有限度地承担风险,无非带来两种结果:成功或失败。

如果你获得成功,你可以提升至新领域,显然这是一种成长。就算你失败了,你也很快可以清楚为什么做错了,学会以后该避免这么做,这也是一种成长。不仅如此,鼓励尝试风险的社会环境,还有助于培养个人不满足于现状,勇于进取的精神,也有利于提高个人对时机变动的敏锐感。一个敢冒风险的人,才有机会赢得更大的成功。不要让自己失去爱的滋润,人与人之间是个爱的花园,你若懒惰,它便会荒芜;你若勤于播种、灌溉,它就会向你散发爱的芬芳。如果缺少了爱,世界的天空会变得灰蒙,空气的温度会降到零点,生活的心情缺乏快乐。人间的博爱,是壮美的花园宫殿。

不要轻易扔掉梦想,没有梦想就没有希望,没有希望就没有了生命的意义。紧紧抓住梦想,因为梦想若是死亡,生命就像折断翅膀的鸟儿,再也不能飞翔。紧紧抓住梦想,因为梦想一旦消亡,生活就像荒芜的田野,雪覆冰封,万物不再求生。梦想谁都有,但有的人的梦想能够实现,有的人的梦想永远都只是梦想。这里有能力和环境条件的因素,但还有一点容易让人忽视的原因,那就是:有些人的梦想很有力量,有些人的梦想却很脆弱。梦想的强弱,往往决定了一个人的强弱。

不要让生活过得太匆忙,人生不是赛跑,而是旅行,每一步都有值得驻足欣赏的风景。宋朝诗人黄庭坚说过:人生正自无闲暇,忙里偷闲得几回。这就告诉人们人生是忙碌的,所以要学会忙里偷闲,忙里偷闲既符合张弛之道,也符合自然规律。自然界都有忙闲的规律,春夏生机勃发,万物生长,到

处燕舞蝶飞;秋冬收敛萧索,万物沉寂,处于休眠状态。人本身也是自然的一部分,所以杰出人士大都懂得休闲,懂得在休闲中寻找生活中的情趣。人不要跟别人比,要跟自己比,跟别人比,会使得自己永远都不快乐。跟自己比,看到自己每天都在进步,你会很快乐。所以,不要跟别人比而贬低自己,认清自己,把握自己的命运,实现自己的人生价值!

　　日本保险业泰斗原一平在 27 岁时进入日本明治保险公司开始推销生涯。当时,他穷得连中餐都吃不起,并露宿公园。

　　有一天,他向一位老和尚推销保险,等他详细说明之后,老和尚平静地说:"听完你的介绍之后,丝毫引不起我投保的意愿。"

　　老和尚注视原一平良久,接着又说:"人与人之间,像这样相对而坐的时候,一定要具备一种强烈吸引对方的魅力,如果你做不到这一点,将来就没什么前途可言了。"

　　原一平哑口无言,冷汗直流。

　　老和尚又说:"年轻人,先努力改造自己吧!"

　　"改造自己?"

　　"是的,要改造自己首先必须认识自己,你知不知道自己是一个什么样的人呢?"

　　老和尚又说:"你要替别人考虑保险之前,必须先考虑自己,认识自己。"

　　"先考虑自己? 认识自己?"

　　"是的,赤裸裸地注视自己,毫无保留地彻底反省,然后才能认识自己。"

　　从此,原一平开始努力认识自己,改善自己,大彻大悟,终于成为一代推销大师。

心灵悄悄话
XIN LING QIAO QIAO HUA >>>

　　"认识自己,改造自己"。这是我们一生中要努力追寻的目标。哪一种事情适合自己干? 如何让周围的朋友喜欢自己? 可以说是你事业成功的关键。如入直销行列,首先便推销你自己——你的形象、你的修养、你的气质和你的人格。

在跌倒的地方歇一歇

总要等到过了很久,总要等退无可退,才知道我们曾亲手舍弃的东西,在后来的日子里,再也遇不到了。

有些事现在不做,一辈子都不会做。有人说,我害怕,我害怕看见结果,我想说,你都有本事走过那过程,一个小小的结果怕什么? 又有人说,我害怕,我害怕过程会很疼,我想说,还没看到结果呐! 你怎么就认定了结果不出乎你的意料呐!

怯懦,是可能让人后悔一辈子的事! 没有经历过主动的人生是不完整的,没有经历过放肆的青春是不深刻的。

成长的岁月里,我们从未变化,只是越来越清晰的成为自己。

无论一个朋友对你有多好,总有一天她(他)做的某件事会让你伤心,而到时你应该学会原谅。朋友没有不吵架的,但是我们都会和好,不是吗? 何必为了小事给自己添堵呐?

还有,与其讨好别人,不如武装自己;与其逃避现实,不如笑对人生;与其听风听雨,不如昂首出击! 你有什么好害怕的? 勇敢一点不好吗?

真正能放下的人,不会花精力解释过去,而是面向当下,乐活现在,包容过去的情缘和关系。一场情缘,应好心珍惜,怀着感恩说再见。

要永远坚信这一点,一切都会变的。无论受多大创伤,心情多么沉重,一贫如洗也好,都要坚持住。太阳落了还会升起,不幸的日子总有尽头,过去是这样,将来也是这样。

如果方向错了,记得停下来就是前进。

朋友是一种感觉,有些人相处几十年也不会成为朋友,有些人只要一见面就知道会是朋友。所以要珍惜身边所有的朋友!

没有一个人的生活道路是笔直的、没有岔道的。有些岔道口,譬如政治上的岔道口,事业上的岔道口,个人生活上的岔道口,你走错一步,可以影响

人生的一个时期，也可以影响一生。

有时候，那些清晨时最坚强的人，正是那些夜里哭着哭着睡着的人。

记得，不管怎样都要相信自己，你能作茧自缚，就能破茧成蝶。

有些束缚，是我们自找的；有些压力，是我们自给的；有些痛苦，是我们自愿的。对过去的追思，耗时且没啥意义，从无先天注定的不幸，只有死不放手的执着。别把眼光盯在别处，羡慕嫉妒恨皆是歧途，只有坚持做自己，才能看到下一秒的路。别把某些人事看得太重，伴你到终点的，是你与你的影子！

真正的美丽，不是青春的容颜，而是豁达而绽放的心灵。

照顾每个人的感受，注定自己不会好受，但是我们有责任照顾好自己，照顾好我们所爱的人，毕竟，都不小了。

在某一年的晚会上，当时还是中央电视台节目主持人的杨澜，正满面春风地向舞台上走去，不料没看清脚底，被什么东西绊了一下，一下子跌倒在地，所有的人都愣住了，只见杨澜面带笑容地爬起来，掸掸礼服上的土，开玩笑地说了句："这一跤摔得实在不够专业。"众人听了也都哄然大笑，一个尴尬的场面就这样被轻松化解了。

在一次奥斯卡的颁奖典礼上，一位刚刚获奖的女演员准备上台领奖，也许是因为太兴奋、激动了，被自己的晚礼服长裙绊了脚，摔倒在舞台边上，全场都静默了，因为还从来没有人在这样全球直播的盛大的晚会上跌倒过。她迅速地起身，从主持人手中接过奖杯发布获奖感言时，她真挚而感慨地说："为了走到这个位置，实现我的梦想，我这一路走得艰辛坎坷，甚至有时跌跌撞撞。"机智、真诚的话语使她成为那个晚上最耀眼的明星。

心灵悄悄话
XIN LING QIAO QIAO HUA >>>

是的，每个人都难免跌倒，如果跌倒了，就不要再懊恼、后悔、自责了，那都于事无补，不如迅速而坚强地站立起来，同时别忘了利用你的聪明、智慧，自我解嘲、自我调侃一番，也许你会因祸得福地获得更多的鼓励、欣赏与掌声，你的"危机"也会迎刃而解。

第四篇 >>>

没有如果只有结果

　　很多事情，是经过之后才会明白的。还是年少的时候，师长就教导我们要珍惜光阴，发奋学习，这是立身之本。可是，那时候，对长辈的这一番心意，我们又懂得了多少呢？直到后来，面对着胜者为王败者寇的现实，我们才明白了长辈们当初的这一番苦口婆心。

　　人生，是一个沉重的字眼。不管你愿意还是不愿意接受这样的事实，你要明白，人生是没有假如的。事情假如可以改变，人生假如可以重来，也就不会有那么多的悔恨了。

人生未必没有遗憾

一次下了一场非常大的雨，洪水开始淹没城市。

一个神父在教堂里祈祷。眼看洪水已经淹到他的腰了，突然一个救生员开着小艇对神父说："神父！快！快上来！不然洪水会把你淹死的！"神父就说："不！我要守着我的殿堂！我深信上帝会来救我的！"于是，救生员很无奈地离开了。

过了不久，洪水已经淹过神父的头了。神父只好勉强站在桌子上，这时，又有一个警察开着小艇过来对神父说："快！快！快上来！不然洪水会把你淹死的。"神父又说："不！我要守着我的殿堂！我深信上帝会来救我的！"于是，警察也很无奈地离开了。

又过了一会儿，洪水已经把教堂淹没，神父只好抓着十字架。这时，一架直升机缓缓开过来，丢下绳梯之后，飞行人员大叫："神父！快！快！拉着绳梯爬上来！不然洪水会把你淹死的！"神父还是意志很坚定地说："不！我要守着我的殿堂！我深信上帝会来救我的！"于是，直升机也很无奈地离开了。

但是，洪水还是一直涨，一直涨，神父很快被淹死了。神父上了天堂后，见了上帝就很生气地问："你是怎么搞的呀！这样你的子民还会相信你吗？"上帝就说："你到底想怎么样嘛！我已经派了两艘小艇一架直升机去救你了！难道要航空母舰你才坐呀？"

拥有时不懂得珍惜，失去了方觉可贵。也许，每一个人都曾有过这样的感觉。其实，人生就是在不断出现的遗憾中度过的。

人生，是一个沉重的字眼。尽管，我们时刻面对的就是它，然而，我们还是不愿意老是提起它。提起它，总少不了感慨；提起它，也未免有太多太多的惋惜。

自责——莫待无花空折枝

不管你愿意还是不愿意接受这样的事实,你要明白,人生是没有假如的。事情假如可以改变,人生假如可以重来,也就不会有那么多的悔恨了。难怪,提起"人生"两字好沉重呢!

很多事情,是经过之后才会明白的。还是年少的时候,师长就教导我们要珍惜光阴,发奋学习,这是立身之本。可是,那时候,对长辈的这一番心意,我们又懂得了多少呢?直到后来,面对着胜者为王败者寇的现实,我们才明白了长辈们当初的这一番苦口婆心。

青春年少时没有思想,待到有了思想的时候却早已错过了那年龄。假如人生可以重来,也就不会有一失足成千古恨的事情发生了。这,就是成长的代价。

常听人们说,假如一切可以重新开始,我会做得很好;假如时光可以倒流,我会好好把握;假如再给我一次机会,我会尽力争取……我们太希望得到"假如"的垂青了,可是,那"假如"又太虚无缥缈了。惨淡的人生,炎凉的世态,怎会在乎你内心如何备来自受着非人的煎熬呢!

人们常说,浪子回头金不换。其实,这也只不过是人们的一厢情愿而已。浪子回头的时候,你可知道,人们又何曾给过他们机会呢?他们又遭受过多少白眼呢!人心苛刻,世道不容啊!以下是激励人的名言:

人生是没有假如的,很多东西过了这一村,也就不会再有那一店了,人生可没有那么多的假如。

知道人生没有假如,也就要学会珍惜和把握,也就不要太任性,不要听不进去一句善意的劝告。

知道了人生的不易,却又不甘放弃这充满坎坷的人生,这就是做人的痛苦所在。

同样,知道了人生没有假如,也就要学会克制,学会忍受,学会坚持。就不要让错误一再发生,那样后悔的时候可没有药买。

面对人生,就要像林黛玉刚进贾府那样就,步步小心,时时在意;不敢多走一步路,不敢多说一句话。

人生,得低头时且低头吧,有事,不忍辱负重,又怎可能迎来艳阳天呢!古人曰:"唯有埋头,方能出头!"

人生没有假如,不要把希望放在明天,也不要让人生等待未来,那是很不现实的。明天的日子如何,未来的人生怎样,全在此时此刻的努力。

　　人生没有假如，不要对它抱着幻想。忘记你所失去的，珍惜你所拥有的。这样，尽管人生未必没有遗憾，但也可以无悔了。谁都不能对一个努力的生命抱太多的苛责。所以说，不管是怎样的人生，只要尽力了，也就难得了，也就不需要假如了。

心灵悄悄话
XIN LING QIAO QIAO HUA >>>

　　人最大的遗憾不是"过错"，而是"错过"。机会的敲门声只有关注它且珍惜它的人才能听到，好好把握，别让自己留有遗憾。

人无法从头再来

岁月如河,谁也无法挽留它匆匆逝去的波涛。世事如棋,人海茫茫,能够相遇相知,或相亲相爱,自有一种缘把我们牵系。当我们有缘分在这个动态的时空里相逢,在历史的薄薄的书笺里,在时间湍流溅起的一束浪花中。面对熟悉的往事渐淡渐远,陌生的未来尚难辨析,你我他,浩渺的宇宙里几粒细细的砂子,偶然地紧挨在一起,共同承沐这金色的阳光,这琥珀的空气,这纯蓝的天空,这墨绿的丛林,这开满野花的草地,在流光的手指间,安排了我们不可更改的相约,你说我们不该好好珍惜吗?

尽管我们的来路各不相同,未来的走向也会千差万别,可是今天,我们的确真实地在一起,像一片美丽的白桦林,各自坚守着风姿绰约的位置,张扬着与众不同的个性,展示青春的浪漫风情,我们骄傲地站立在同一片充满律动的热土上。

在凄风苦雨仰或彩霞飘飞的旅途中,不论时光的长短,我们终究手挽手肩并肩,走上一条充满温馨的小路,度过一段难以忘怀的岁月。这一段时空之旅,不可逆转,难以复制,就像我们不能在同一时间踏进两条不同的河流。你说我们不该好好珍惜吗?

学会珍惜,侍奉我们的父母双亲,在他们尚未老态龙钟之时,就给予他们儿女的情爱。不要幻想等到你有了足够的空闲,有了丰厚的金钱以后,再去尽自己的孝心,那结果会给你带来的往往终身的遗憾,且再也无法弥补。"当你拥有的时候不懂得珍惜,当你失去的时候才知道它的宝贵",因为时间不允许我们从头再来。

学会珍惜,对侍我们的兄弟姐妹,多一份关爱和奉献,那份亲缘,是先天注定的,谁也无法选择。也许你的付出,不会得到常人所说的回报,可你细细品尝生活的滋味,你会发现,幸福的含义远不止于得到了什么,而恰恰因为奉献才感到由衷的欣慰和自豪。

学会珍惜，我亲爱的朋友。人生如花开花谢，潮涨潮落。偌大世界，芸芸众生，但更多的却只能与你擦肩而过，很快就走出了你的视野，成为陌路，独独让我们成为朋友，成为意气相投、患难与共的挚友，这本身就是一种奇迹和缘分。每有良朋，或敞开心扉，秉烛夜谈；或偕数友而出，走进高山大海，丛林草原，亲近自然风物；或儿时好友远道而来，临风把酒，畅叙友谊，回忆童年趣事，忘却俗世烦恼，岂不是人生一大乐事。

学会珍惜，我的同事。人际间分分合合，生活演绎出许多恩恩怨怨，相逢便是缘。我们是齐飞的雁阵，是奔腾的马群，我们属于同一个行进中的方队。在事业的征程中，自会留下我们跋涉的足迹，刻下时间永恒的印痕。要以热爱和上进书写生命的价值，塑造人生的境界。也许我们很渺小，也许我们很脆弱，也许我们会历经沧桑沉浮，只要我们常怀感恩庆幸之心，珍惜美好难能可贵的情分，用坚韧和豁达去化解并超越生活的磨难或者琐屑的不快，真心真意地付出，实实在在地努力，尽管不会轰轰烈烈，不会惊天动地，依然可以用真诚的微笑坦然面对人生。没有谁能同我们一样，在特定时间的维度里，朝夕相处，同舟共济。当然今天的聚首，也许意味着明日将各奔东西，我们如何不珍惜呢。切莫铸成"此情可待成追忆，只是当时已惘然"的遗憾。不要错过这可以相互祝福和鼓励的机会，小心呵护你的珍宝，呵护这份缘。须知，这世界上最有力量的不是坚硬的钢铁，而是爱，是温暖，是流动在人心里的善良和温情。时光的雕刀终究会把你我刻得风雨沧桑，滤去流水落花，剔除浮光幻影，沉淀于内心的，也许只是一个真诚的笑容，一个祝福的眼神。

珍惜生命，珍惜今天。人的生命只有一次，没有虚无的来生，时光不会倒流，让我们现在就出发，朝着既定的目标。如果总以为我们还有若干明天话，那才是世上最不幸的人。

珍惜自然，珍惜和平。让我们懂得了与大自然和睦相处的重要，我们都是大自然的杰作，不是其他生命的主宰。要珍惜每一束哪怕的微卑的小花，一簇低矮的小草；生活在和平中的我们，其实都没有认真思考过和平的真正含义。你可知道，曾经是四大文明古国之一的古巴比伦王国，在遭到野蛮轰炸的时候，他们是怎样用血和泪在祈求和平啊。生活在阳光下的我们，怎能不倍加珍惜呢。

自责——莫待无花空折枝

富兰克林是美国的政治家和科学家,他开有一家书店。一次在这家书店里,一位犹豫了将近一个小时的年轻人终于开口问店员:"这本书多少钱?"

"2美元。"售货员回答。"2美元?"年轻人又问,"你能不能少要点?"

"它的价格就是2美元。"售货员没有别的回答。这位顾客又看了一会儿,然后问:"富兰克林先生在吗?"

"在,"售货员回答,"他在印刷室忙着呢。"

"那好,我要见见他。"这个年轻人坚持一定要见富兰克林。于是,富兰克林就被找了出来。

年轻人问:"富兰克林先生,这本书你能出的最低价格是多少?"

"2美元25美分。"富兰克林不假思索地回答。

"2美元25美分? 你的店员刚才还说2美元一本呢!"

"这没错,"富兰克林说,"但是,我情愿倒找给你2美元也不愿意离开我的工作。"年轻人惊讶极了。他心想,算了,结束这场自己引起的谈判吧! 他说:"好,这样,你说这本书最少要多少钱吧。"

"2美元50美分。"

"又变成2美元50美分? 你刚才不还说2美元25美分吗?"

"对,"富兰克林冷冷地说,"我现在能出的最低价钱就是2美元50美分。"年轻人默默地把钱放到柜台上,拿起书出去了。

心灵悄悄话
XIN LING QIAO QIAO HUA >>>

人生有风有雨,生活有苦有甜。学会珍惜,才会成就事业,才会放飞希望,收获美好。

让你的人生从微笑开始

人就这么一辈子，生不带来死不带去的一辈子。我们在亲人的欢笑声中诞生，又在亲人的悲伤中离去。而这一切我们都不知道，我们无法控制自己的生与死，但我们应庆幸自己拥有了这一辈子。

人就这么一辈子，我们都希望自己有个幸福的家，每天都是个快乐的人。但在生活中，不是一切都尽人意，每天我们都会遇到各种各样的困难和烦恼。人活一辈子，会遭遇多少无可奈何的事，邂逅多少恩恩怨怨的人。可是想到人不就这么一辈子吗，有什么好看不开的？人世间的烦恼忧愁，恩恩怨怨，几十年后不都烟消云散了。还有什么不能化解，不能消气的呢。人就这么一辈子，我们应快乐地度过这辈子。不管上帝给我们的是什么只要我们不丧失对生活的信心，对理想的追求，只要您虔诚地去努力，乐观地去对待，我想上帝必会照顾"爱者"得到成功的希望。人就这么一辈子，我们不能白来这一遭。所以让我们从快乐开始！做你想做的，爱你想爱的。做错了，不必后悔，不要埋怨，世上没有完美的人。跌倒了，爬起来重新来过。不经风雨怎能见彩虹，相信下次会走得更稳。

人就这么一辈子，人就到这世上匆匆忙忙地来一次，我们每个人的确应该有个奋斗的目标。如果该奋斗的我们去奋斗了，该拼搏的我们去拼搏了，但还不能如愿以偿。我们是否可以换个角度想一想：人生在世，有多少梦想是我们一时无法实现的，有多少目标是我们难以达到的。人就这么一辈子，我们在仰视这些我们无法实现的梦想，眺望这些我们无法达到的目标之时，是否应该以一颗平常心去看待我们的失利。"岂能尽如人意但求无愧我心。"对于一件事，只要我们尽力去做了，我们就应该觉得很充实，很满足，而无论其结果如何。就这么一辈子，要想活得轻松，活得洒脱，你就该"记住该记住的，忘记该忘记的。改变能改变的，接受不能改变的。"唯有这样，你才会活出一个富有个性的全新的自我！人就这么一辈子，不要去过分地苛求，

不要有太多的奢望。若我们苦苦追求过却还是一无所获,我们不妨这样想:既然上帝不偏爱于我,不让我鹤立鸡群,不让我出类拔萃,我又何必硬要去强求呢?别人声名显赫,而自己却平平庸庸。我们不妨这样安慰自己:该是你的,躲也躲不过;不是你的,求也求不来。

人就这么一辈子,我们又何必要费尽心思绞尽脑汁地去占有那些原本不属于我的东西呢?金钱、权力、名誉都不是最重要的,最重要的还是应该善待自己,就算拥有了全世界,随着死去也会烟消云散。若我们要是这样想,我们就不会再为自己平添那些无谓的烦恼了。

人就这么一辈子,我们都曾经以为,有些事情是不可以放手的。我们不会放弃一个人。"我是不会放手的。"其实,没有什么东西是不能放手的。时日渐远,当你回望,你会发现,你曾经以为不可以放手的东西,只是生命里的一块跳板。所有的哀伤、痛楚,所有不能放弃的事情,不过是生命里一个过渡,你跳过了,就可以变得更精彩。人就这么一辈子,失恋、失意,甚至失婚,以至我们在爱情里所受的苦,都不过是一块跳板,令你成长。人在跳板上,最辛苦的不是跳下来那一刻,而是跳下来之前,心里的挣扎、犹豫、无助和患得患失,根本无法向别人倾诉。我们以为跳不过去了,闭上眼睛,鼓起勇气,却跳过了。

人就这么一辈子,开心也是一天,不开心也是一天,干吗硬要逼着自己不开心呢?是啊,人就这么一辈子,做错事不可以重来的一辈子;碎了的心难再愈合的一辈子;过了今天就不会再有另一个今天的一辈子;一分一秒都不会再回头的一辈子,我们为什么不好好珍惜眼前,为什么还要拼命地自怨自艾,痛苦追悔呢?人就这么一辈子,我们可以淡然面对,也可以积极的把握,当你看不开、当你春风得意、当你愤愤不平、当你深陷痛苦中请想想它,不管怎么样,你总是幸运的拥有了这一辈子……人就这么一辈子,没有来世。所以让我们从微笑开始!人活一辈子,开心最重要。人就这么一辈子,好好地去珍惜它,善待它,把握它吧!珍惜你身边的每个人。人生短暂,请你珍惜,请你珍重。

1897年,孙中山侨居日本时,与日本著名的政治家犬养毅相识。

有一天,犬养毅微笑着对孙中山说:"我真敬佩您的机智——不过,我想问问您,孙先生,您最喜欢什么?"

"革命!"

"您喜欢革命,这是谁都知道的。但除此之外,您最喜欢什么?"

孙中山停了片刻,用英语答到:"Woman。"(女人)

犬养毅拍手叫道:"很好,再其次呢?"

"Book。"(书籍)

犬养毅忍不住哈哈大笑。他叹道:"这是很老实的话。我以为您会最喜欢书,结果您却把女人排在书的前面。这是很有意思的。您这样忍耐着对女人的爱而拼命看书,实在了不起。"

"不是这样!我想,千百年来,女人总是男人的附属物或玩物,充其量做个贤内助。然而我认为,她和母亲应该是同义词。当妈妈把她身上最有营养的乳汁喂给孩子的时候,当妻子把她真诚的爱献给丈夫的时候,她们的牺牲是那样的无私和高尚,这难道不值得爱吗?可惜,我们好些人都不珍惜这种爱,践踏这种爱。"

孙中山先生把女人与母亲紧密地联在一起,把喜欢女人理解为珍惜母爱,这使犬养毅深感意外和敬佩。

母爱是一种伟大的美德,是人类最美丽、最高尚的感情。因为,母爱最少有自私自利和功名利禄之心掺杂其间。

一个人,如果连自己母亲都不爱,怎么能爱自己的国家?怎么能爱自己的人民?

一个人,如果他让自己的母亲伤心,不管他的地位多么高贵,不管他的名声多么显赫,就仍是一个渺小的人。

一个人,最基本的道德就是珍惜母爱。

心灵悄悄话
XIN LING QIAO QIAO HUA >>>

其实,在我们的日常生活、工作、学习中有许多眼前看似鹅卵石一样的东西被我们如敝屣般地丢弃了,然而,忽然有一天,当我们需要它的时候,它就变成了钻石,而我们却不得不为以前丢弃它而懊悔不迭。

每一种创伤，都是一种成熟

有人说：人，落地就哭，说明了人不愿意投胎做人，因为，人间有苦难。的确，人的一生，既不是想象的那么好，也不是想象的那么坏。每一个生命，都会历经酸甜苦辣的生活，为了生命的存活与延续，不停地奋斗在喜怒哀乐的人生路上，让不同的灵魂承受生活的摔打，接受磨难的考验。

在这个奋斗与摔打的艰辛过程中，苦难的逆境练就了生活的强者，而又演变了生活的弱者。所谓强者，即是一个坚强而有用的人；所谓弱者，即是一个软弱无用的人。有道是：强者容易坚强，正如弱者容易软弱。坚强者能在命运之风暴中奋斗而更显坚强；软弱者只在命运之困境中退缩而更加的软弱。在人生的路上，生活像一杯浓酒，不经三番五次的提炼，就不会这样的可口。生活又像海洋，只有意志坚强的人，才能到达理想的彼岸。自强不息，乃幸运之母，真正的人生，只有在经过艰苦卓绝的斗争之后才能实现。如果你能足够的坚强，你就是史无前例的；如果你能在困境中保持自强，那么，你就是令人崇敬的。

一只蝌蚪变成青蛙，它经历了时间的考验，变得坚强；一粒沙子变成珍珠，它经历了磨难的考验，变得坚强；一只雏鸟变成雄鹰，它经历了天空的考验，变得坚强。而作为人，我们还不如这一切吗？对于人类而言，成功＝挫折＋信心＋坚强。如果你有信心克服了困难，在坚强中不怕任何的挫折，那么，你就会获得成功。

人生之路，不是阳光明媚的康庄大道，但我们只要越过障碍，就会发现另一片美丽的蓝天。人生不论经历了多少风雨，多少坎坷，多少荆棘，但我们应该保持这样一个信念：不经历风雨的洗礼，怎能见到绚丽的彩虹？"人有悲欢离合，月有阴晴圆缺。"在人生的道路上，不可能总是一帆风顺，总有许许多多的困难在等待着我们。这时，我们应化痛苦为力量，毫不犹豫的选择坚强。只要你在挫折时不屈服，失败时能从容，困难时能面对，坚强一定

属于你！成功也就一定属于你！

众所周知，堪称发明大王的爱迪生，他一生发明了 2000 多件作品，而电灯是最有成就的，然而，在爱迪生发明电灯的过程中，历经重重困难，做了几千次实验，最终才获得成功。试想，如果爱迪生没有一颗坚强的心，没有顽强的意志，他能取得成功吗？他还能成为大家熟悉的发明大王吗？我们今天还能生活在光明的夜晚吗？因此，人生路上需坚强！

暴风雨之中，一只蝴蝶在泥中拼命地挣扎着，它想飞，可是心有余而力不足。在一次次的努力失败后，看它大概快放弃时，它却一再地选择了坚强。经过一次次地试飞，它终于离开了泥潭，挥动着仍带着泥点的翅膀在阳光中飞舞而去。蝴蝶仅是一只小生灵，却有如此大的毅力，而我们人呢？难道不该放弃懦弱吗？生命需要支撑，需要爱，而坚强，便是那道不倒的防线。我们要时刻面对人生中隐含的生活逆境，鼓足勇气，破釜沉舟，永不退缩，永不言败！

学会坚强，做一个对生活充满自信的人，忘记过去把握现在，人生依旧要坚强地走下去。卑微的小草，正因为它学会了坚强，最后成了原野；摇摇欲坠的小树，正因为懂得坚强，今天他变成了森林；渺小的水滴，学会了坚强，变成了我们伟大的母亲……一切的一切，原来都是坚强给予的！

在人生的道上，我们会遇到很多的挫折，天才也离不开挫折，因为挫折能够造就天才。在挫折中我们学会坚强，在逆境中我们学会用不同方式生活，相信人生的意义并不是乏味的。有时候，我们很难改变生存的环境，但我们可以改变自己的态度。

冰心说过："成功的花儿，人们只惊羡它现时的美丽。当初它的芽儿浸透了奋斗的泪水，洒遍了牺牲的细雨。"如果遭遇挫折，仍能以奋斗的英姿与之对抗，那么，这样的人生是辉煌的。其实，痛苦本不是一件坏事，因为，在它的背后写着：积极向上，永不放弃。然而，有些人，遭遇痛苦，却不调整心态，重新面对；而是把自己闷在家中，整日痛哭流涕，以为自己是世界上最倒霉的人了。这样一来，原本一丁点儿的痛苦，被他放得很大很大。从而，一直沉浸在痛苦中。但是，生活中就有这样一些智者，别人以为他们的快乐是以没有痛苦为前提的，可事实是，他们也有痛苦，或许，会比你还多得多。然而，他们面对痛苦，却与前者截然相反：扬一扬眉毛，甩一甩头发，刚才的不愉快，就会随着微风，烟消云散。其实，摆脱痛苦就这么简单！不需要安慰，

不需要哭泣,更不需要魔术师帮你解除,只需微微一笑。因为,我相信笑声所具有的感染力,是任何药物都无法与之相比的。朋友们,当你感到痛苦时,请不要哭泣。相信微笑——这个能够使人坚强的动作吧!相信总有那么一天,你会看见,蓝蓝的天,白白的云,还有你嘴边甜甜的微笑……

坚强,是人生路上的精神支柱;是跨越坎坷的信念;是成功走向胜利的根本。一个人,如果不坚强,那他的心灵就永远是一片黑暗沉寂的世界。不要放弃自己就是真正的坚强,能够承认自己的缺点也是难能的坚强,虚心是坚强,努力是坚强,正直是坚强,善良是坚强,怜悯是坚强,自责是坚强,追求是坚强,自爱是坚强,宽恕是坚强。学好坚强的人,首先要学会爱惜自己,但舍己,又是最大的坚强。

在现实中,努力并不一定成功,但放弃一定失败。有些我们无法左右方向,但至少可以调整风帆,有些我们无法控制事态,但至少可以调节心情。坚强,就是调节心情,让自己得到更多的快乐。也许,坚强是人生路上一幕喜剧,能让人们破涕为笑;也许,坚强是一片安定药,能让垂头丧气的人为之一振;也许,它是一曲催人奋进的乐章,指引着我们在人生的道路上,勇敢地越过种种磕磕碰碰,努力去向着未来冲刺。

我们的人生将会是多姿多彩的,我们的生活将会是幸福美满的,我们的未来将会是灿烂辉煌的。人生,一定不会一帆风顺,但我们会坚强地面对一切之磨难,永不放弃,直至成功学会坚强,拥有坚强,运用坚强,让它永恒于心中长眠。

心灵悄悄话
XIN LING QIAO QIAO HUA >>>

生活,需要追求;梦想,需要坚持;生命,需要珍惜;但人生的路上,凡事,都需要坚强!

不要因为倦怠而放弃

丘吉尔一生最精彩的演讲,也是他最后的一次演讲。在剑桥大学的一次毕业典礼上,整个会堂有上万个学生,他们正在等候丘吉尔的出现。正在这时,丘吉尔在他的随从陪同下走进了会场并慢慢地走向讲台,他脱下他的大衣交给随从,然后又摘下了帽子,默默地注视所有的听众,过了一分钟后,丘吉尔说了一句话:"Never give up!"(永不放弃)丘吉尔说完后穿上了大衣,戴上了帽子离开了会场。这时整个会场鸦雀无声,一分钟后,掌声雷动。

永不放弃! 永不放弃有两个原则,第一个原则是:永不放弃,第二原则是当你想放弃时回头看第一个原则:永不放弃!

如果一艘轮船在大海中迷失了方向,就会在海上打转,直到把燃料用完,也到达不了目的地。一个人如果没有明确的目标以及达到这些目标的明确计划,不管他如何努力地工作,都像是一艘失去方向舵的轮船。

然而,生活中的大多数人都是在没有明确目的的情况下,受完了教育,找一个工作,或开始从事某一个行业。许多人如无头苍蝇到处乱撞,不知道自己想做什么。因为他们从一开始就没有确立明确的目标,所以到了"而立"之年乃至"不惑"之年,还在为找不到合适的工作而苦恼,人生始终处于不如意状态。

你必须首先确定自己想干什么,然后才能达到自己确定的目标。同样,你应该首先明确自己想成为怎样的人,然后才能把自己造就成那样的有用之人。

当你的人生没有目标时;当你看不清前方的道路时;当你在最困惑时;你应该静下心来问自己:一年后你"最希望"看到你自己在做什么? 如果你自己都不知道这个答案的话,你休想得到命运的垂青。别忘了,在生命中,上帝已经把所有"选择"的权利交在我们的手上了。

平庸的人之所以一事无成,就是因为他们太容易满足,一旦得到舒适安逸的位置,便停止了自己的努力。这样,他一生只会盲目的工作,争取勉强温饱的薪金,以静待死神的光临。他怕因为不满足而感到痛苦,所以竭力抑制自己的欲望,推卸自己的责任。

这些人安于现状,一心一意想要继续维持下去,然而,"想维持现状"的想法是采取"守"的态度,终究会演变成消极的态度,而失去了以前所拥有的积极及前进的动力,成长便会停顿。

每个人就是一条奔腾不息的河流,一路上你要跨越生命中的重重障碍,才能有所突破、有所进步。在这个过程中,有一点很重要,就是像河流那样善于放弃你所认为的自我,并且根据自己的目标做相应的改变。

生活中,我们之所以半途而废,这其中的原因,往往不是难度较大,而是总觉得成功离我们较远。确切地说,我们不是因为失败而放弃,是因为倦怠而放弃。

什么样的选择决定什么样的生活,什么样的目标导致什么样的结果。

心灵悄悄话
XIN LING QIAO QIAO HUA >>>

成功者与失败者并没有多大的区别,只不过是失败者走了九十九步,而成功者走了一百步。失败者跌下去的次数比成功者多一次,成功者站起来的次数比失败者多一次。当你走了一千步时,也有可能遭到失败,但成功却往往躲在拐角弯后面,除非你拐了弯,否则你永远不可能成功。

别忽略过程

时间如水,匆匆流过,却依然留有痕迹。人生亦如此。

水流虽急,但却能在它所经过的地方留下痕迹,人的生命有时就像泥沙一样,可能慢慢地就沉淀下去了,也许,你不会为了明天而在拼搏下去了,但你却永远见不到明天的太阳了。所以,我们要有水的精神,不断的积蓄自己的力量,当你发现时机不到的时候,就把自己的厚度积累起来,当你发现时机来临的时候,就能够冲破障碍,奔腾入海! 当你在积累自己的厚度的时候,过程是漫长的,但也是份收获。

人生就是一个过程,当然,也有结果。不同的过程,不同的结果。很多人却是像高速路上的司机,虽然能到达目的,但身边美好的东西已经不在,当你到达目的的时候,你会发现你失去的比拥有的更多。所以,当你确定目标后,就要像高速路上的乘客一样,在达成目标的同时,也能欣赏过程中的美好,这才是我们生活的标准。你失去的,不一定就能找回来。现实中,有很多的人就像这司机一样,当你把身边的人送到自己认为是美好的日子当中的时候,你已经失去了的更多了。

人生路上,过程和结果比,更应该注重过程。

像草一样活着,你尽管活着,每年还在成长,但是你毕竟是一棵草,你吸收雨露阳光,但是长不大。人们可以踩过你,但是人们不会因为你的痛苦,而产生痛苦;人们不会因为你被踩了,而来怜悯你,因为人们本身就没有看到你。所以我们每一个人,都应该像树一样的成长,即使我们现在什么都不是,但是只要你有树的种子,即使被人踩到泥土中间,你依然能够吸收泥土的养分,自己成长起来。当你长成参天大树以后,遥远的地方,人们就能看见你,走近你,你能给人一片绿色,即使人们离开你以后回头一看,你依然是地平线上一道美丽的风景线。树活着是美丽的风景,死了依然是栋梁之材,活着死了都有用。

在这里，无论你是草还是树，又无论你在成长中有多么的艰辛，多么的困难，人们都不会去关注你的过程，当你能带给人们想要的结果时，人们才会去关注在你身上发生过的事情。

社会进步了，人类发展了，结果越来越让人看重。当你做某一件事情时，就算你每天风里来雨里去，再辛苦，再累，没有一个好的结果，人们依然不会看中你。因为你的结果不是大家想要的，虽然你的过程很努力。企业，要的就是一个能得到好的结果的人，过程并不是主要的。就像一个站在舞台上的明星一样，我们只看到他的结果，虽然他们的过程是多么艰辛的，但是又有几个人会去在乎他们的过程呢？如果没有结果，过程也就没有实际意义了。就像我们吃饭一样，不是为一吃而去吃，吃只是过程，吃饱才是结果，也就是说，只有吃饱才是最重要的。这就是结果。

做事时，结果和过程来比，人们更看重结果。

做人要有过程，做事要有结果。

有个人在一天晚上碰到一个神仙，这个神仙告诉他说，有大事要发生在他身上了，他会有机会得到很大的一笔财富，在社会上获得卓越的地位，并且娶到一个漂亮的妻子。这个人终其一生都在等待这个奇异的承诺，可是什么事也没发生。他穷困地度过了他的一生，孤独地老死了。当他死后，他又看见了那个神仙，他对神仙说："你说过要给我财富、很高的社会地位和漂亮的妻子，我等了一辈子，却什么也没有。"

神仙回答他："我没说过那种话。我只承诺过要给你机会得到财富、一个受人尊重的社会地位和一个漂亮的妻子，可是你让这些机会从你身边溜走了。"这个人迷惑了，他说："我不明白你的意思。"神仙回答道："你记得你曾经有一次想到一个好点子，可是你没有行动，因为你怕失败而不敢去尝试吗？"这个人点点头。

神仙继续说："因为你没有去行动，这个点子几年以后被另外一个人想到了，那个人一点也不害怕地去做了，他后来变成了全国最有钱的人。还有，你应该还记得，有一次发生了大地震，城里大半的房子都毁了，好几千人被困在倒塌的房子里。你有机会去帮忙拯救那些存活的人，可是你怕小偷会趁你不在家的时候，到你家里去打劫偷东西，你以这作为借口，故意忽视那些需要你帮助的人，而只是守着自己的房子。"这个人不好意思地点点头。

神仙说:"那是你去拯救几百个人的好机会,而那个机会可以使你在城里得到多大的尊崇和荣耀啊!"

"还有,"神仙继续说,"你记不记得有一个头发乌黑的漂亮女子,你曾经非常强烈地被她吸引,你从来不曾这么喜欢过一个女人,之后也没有再碰到过像她这么好的女人。可是你想她不可能会喜欢你,更不可能会答应跟你结婚,你因为害怕被拒绝,就让她从你身旁溜走了。"这个人又点点头,这次他流下了眼泪。

神仙说:"我的朋友啊,就是她!她本来该是你的妻子,你们会有好几个漂亮的小孩,而且跟她在一起,你的人生将会有许许多多的快乐。"

心灵悄悄话
XIN LING QIAO QIAO HUA >>>

当你忽略过程的时候,结果已经没必要了。因为你在过程中已经失去了很多很多。而这一切,有些已经是无法挽回的。所以,我们看重结果的同时,更应该重视过程。

第五篇 >>>

生活永远是一个取舍

随着时光流转，岁月迁移，我们已经慢慢忽略了太多值得珍惜的东西，心情也自然难以明媚。

光明使我们看见很多东西，也使我们看不真切很多东西。假如没有黑夜的存在，我们便看不到闪亮的星辰。因此，即使一度我们无法与美丽心情携手起舞，却常常与痛苦磨难狭路相逢，也不会是全然没有价值的。它可使我们的意志更坚定，思想、人格更成熟，更能够分清是非曲直。当风浪过后，柔甜的阳光照拂着我们，心情变得越来越美丽，那也是一种弥足珍贵的幸福。

放弃与坚持，是一种态度

一位老和尚想从两个徒弟中选一个做衣钵传人。一天，老和尚对徒弟说，你们出去给我拣一片最完美的树叶。两个徒弟遵命而去。时间不久，大徒弟回来了，递给师傅一片并不漂亮的树叶，对师傅说，这片树叶虽然并不完美，但它是我看到的最完整的树叶。二徒弟在外面转了半天，最终却空手而归，他对师傅说，我见到了很多很多的树叶，但怎么也挑不出一片最完美的。最后，老和尚把衣钵传给了大徒弟。

我们之所以会心累，就是常常徘徊在坚持和放弃之间，举棋不定。生活中总会有一些值得我们记忆的东西，也有一些必须要放弃的东西。放弃与坚持，是每个人面对人生问题的一种态度。勇于放弃是一种大气，敢于坚持何尝不是一种勇气，孰是孰非，谁能说的清道的明呢？

人之所以会烦恼，就是记性太好

该记的，不该记的都会留在记忆里。而我们又时常记住了应该忘掉的事情，忘掉了应该记住的事情。为什么有人说傻瓜可爱、可笑，因为他忘记了人们对他的嘲笑与冷漠，忘记了人世间的恩恩怨怨，忘记了世俗的功名利禄，忘记了这个世界的一切，所以他活在自己的世界里随心所欲地快乐着，傻傻地笑着。

所以人们宁愿让自己不快乐，也不愿意去做傻瓜。如果可以记住应该记住的，忘记应该忘记的。或者是忘掉从前，把每天都能当成一个新的开始，那该有多好。可是，说起来容易，做起来却是那么的难。

人之所以会痛苦，就是追求的太多

人生在世，不可能事事顺心，不要常常觉得自己很不幸，其实世界上比我们痛苦的人还要多。明知道有些理想永远无法实现，有些问题永远没有答案，有些故事永远没有结局，有些人永远只是熟悉的陌生人，可还是会在

苦苦地追求着,等待着,幻想着。

其实痛苦并不是别人带给你的,而你自己的修养不够,没有一定的承受能力。你硬要把单纯的事情看得很严重,把简单的东西想得太复杂,那样子你会很痛苦。学会放下,放下一些所谓的思想包袱,坦然面对一切,让一切顺其自然,这样你才会让自己轻松自在。

人之所以不快乐,就是计较的太多

不是我们拥有的太少,而是我们计较的太多。不要看到别人过得幸福,自己就有种失落和压抑感。其实你只看到了别人的表面现象,或许他过的还不如你快乐。人的欲望是无止境的,人人都在追求高品质的生活,人人都想得到自己想要的东西,人人都在为了自己的目标,整天里忙碌着,奋斗着,得到了,开心一时,得不到,痛苦一世。

心灵悄悄话
XIN LING QIAO QIAO HUA >>>

世界上没有完美无缺的东西,不完美其实才是一种美,只有在不断的争取,不断的承受失败与挫折时,才能发现快乐。

摆脱生活中的阴影

生活到底是沉重的? 还是轻松的? 这全依赖于我们怎么去看待它。生活中会遇到各种烦恼,如果你摆脱不了它,那它就会如影随形地伴随在你左右,生活就成了一副重重的担子。放下烦恼和忧愁,生活原来可以如此简单。

有一个老母亲她一共有三个孩子,两个女儿特别能干孝顺,一个儿子有些窝囊无能。

两个女儿常常塞钱给老母亲让她买好吃的,可老母亲又特别疼小孙子,于是常常把女儿给的钱又去塞给了儿子,让他给小孙子买吃的。

邻居气不过就去把这个秘密告诉了大女儿,大女儿说她给妈妈钱就是为了让妈妈高兴,她愿意怎么花就怎么花,如果妈妈把钱省给儿子和孙子能够换来她的开心和尊严的话,那这个钱就算花得值得。老母亲听了大女儿的话特别高兴,她说看着孙子吃比自己吃香多了。过了一个月,二女儿回来了,她知道了这个秘密后非常生气,于是她天天守在家里教训开导老母亲,规定她给自己买吃的买喝的,而且非要看着她吃下去不可,老母亲气得什么都吃不下,最后抑郁而死。"

一个人拥有他想拥有的是最开心的,在人生的所有事情中人的心愿是最重要的。

人的一生中什么最重要? 当一个人做一件好事的时候,旁人考虑的可能是他这样做值不值得,这种付出有没有回报? 然而这些都不重要,一个人拥有他想拥有的是最开心的,在人生的所有事情中人的心愿是最重要的。

一位满脸愁容的生意人来到智慧老人的面前。"先生,我急需您的帮

助。虽然我很富有，但人人都对我横眉冷对。生活真像一场充满尔虞我诈的厮杀。""那你就停止厮杀呗。"老人回答他。生意人对这样的告诫感到无所适从，他带着失望离开了老人。在接下来的几个月里，他情绪变得糟糕透了，与身边每一个人争吵斗殴，由此结下了不少冤家。一年以后，他变得心力交瘁，再也无力与人一争长短了。

"哎，先生，现在我不想跟人家斗了。但是，生活还是如此沉重———它真是一副重重的担子呀。""那你就把担子卸掉呗。"老人回答。

生意人对这样的回答很气愤，怒气冲冲地走了。在接下来的一年当中，他的生意遭遇了挫折，并最终丧失了所有的家当。妻子带着孩子离他而去，他变得一贫如洗，孤立无援，于是他再一次向这位老人讨教。

"先生，我现在已经两手空空，一无所有，生活里只剩下了悲伤。"

"那就不要悲伤呗。"生意人似乎已经预料到会有这样的回答，这一次他既没有失望也没有生气，而是选择待在老人居住的那个山的一个角落。

有一天他突然悲从中来，伤心地号啕大哭了起来———几天，几个星期，乃至几个月地流泪。

最后，他的眼泪哭干了。他抬起头，早晨温煦的阳光正普照着大地。他于是又来到了老人那里。

"先生，生活到底是什么呢？"

老人抬头看了看天，微笑着回答道："一觉醒来又是新的一天，你没看见那每日都照常升起的太阳吗？"

生活到底是沉重的？还是轻松的？这全依赖于我们怎么去看待它。生活中会遇到各种烦恼，如果你摆脱不了它，那它就会如影随形地伴随在你左右，生活就成了一副重重的担子。"一觉醒来又是新的一天，太阳不是每日都照常升起吗？"放下烦恼和忧愁，生活原来可以如此简单。

心灵悄悄话
XIN LING QIAO QIAO HUA >>>

美丽的心情，来之不易，只有无私地付出，才有可能收获更多的美好。

学会取舍是一生的功课

一条河隔开了两岸,此岸住着凡夫俗子,彼岸住着僧人。凡夫俗子们看到僧人们每天无忧无虑,只是诵经撞钟,十分羡慕他们;僧人们看到凡夫俗子每天日出而作,日落而息,也十分向往那样的生活。日子久了,他们都各自在心中渴望着:到对岸去。终于有一天,凡夫俗子们和僧人们达成了协议。于是,凡夫俗子们过起了僧人的生活,僧人们过上了凡夫俗子的日子。

没过多久,成了僧人的凡夫俗子们就发现,原来僧人的日子并不好过,悠闲自在的日子只会让他们感到无所适从,便又怀念起以前当凡夫俗子的生活来。成了凡夫俗子的僧人们也体会到,他们根本无法忍受世间的种种烦恼、辛劳、困惑。于是也想起做和尚的种种好处。又过了一段日子,他们各自心中又开始渴望着:到对岸去。

人的一生,时间有限,学会取舍,是生命的重点。我们每一个人,都要懂得,让我们的时间围绕重要的人和事运转,学会放弃,懂得珍惜,如果不放弃次要,就不能珍惜重要。

我们都不愿意,在将来的某一天,在我们回首过往的岁月时,蓦然发现,我们握在手里的,都是次要的,而我们忽视的,都是重要的。

我们都深深地知道,没有任何力量可以挽回失去的光阴,一切,都无法重来,于是,我们必须学会,珍惜现在。

不管你有多忙,请你让自己停下来,认真地想一想,谁是你一生重要的人,什么是你一生重要的事,重视和珍惜,在一切都来得及的时候。

疏于珍惜重要的人,或许就没有机会再珍惜,疏于重视重要的事,或许就没有机会再重视。知止,后定,不要走得太远,忘了为什么出发。

如何过一天,就如何过一生,让我们问问自己,如果今天是我们生命的最后一天,我们会如何度过? 我们有没有去爱我们生命中重要的人? 我们

自责——莫待无花空折枝

有没有去做生命中重要的事？我们所做的一切，跟我们的目标，有什么关联？

我们总是习惯，习惯还有明天，于是，我们总觉得，我们好像有的是时间，直到我们要爱的人，没机会再去爱，要做的事，没机会再去做，直到遗憾出现！

学会放下吧，放下那些无关紧要的事情，把更多的时间留给对你重要的人和事，一定要爱的人，现在爱，一定要做的事，现在做，不要再找任何借口，推延。当拖延成为习惯，这个习惯，就会为你的人生制造出无法弥补的遗憾。

人的一生，不过弹指一挥间，不管什么事情，不了解实质，不要轻易下断言，如果了解了实质，一定要当机立断，不要因为一时的疏忽，在取舍中，造成不可弥补的错误。

任何时候，应该清醒地知道，别人的想法，与你没多大关联，而你自己的想法，是决定你一生的关键。固定你的视野，确定你的目标，踏上你人生的跑道，相信你自己，你可以用你自己的方式，缔造出生命的意义！

当我们垂垂老矣，细数人生路上深深浅浅的足迹，只要我们曾经珍惜，幸福，一定会流溢在我们的眼底。

心灵悄悄话
XIN LING QIAO QIAO HUA >>>

深深的企望，在人生这段美好的岁月里，让无怨无悔，成为我们每一个人，对走过的岁月的回馈！

让心灵独自旅行

很久以前，一位国王非常信任自己手下的一位充满智慧的大臣。这位大臣的口头禅是："很好，这是件好事。"

有一天，国王在擦拭宝剑时，不小心将自己左手的小指头割断了，智慧大臣闻讯赶到皇宫。见到国王正在包扎鲜血淋漓的左手，智慧大臣的口头禅又来了："很好，这是件好事。"国王的伤口正疼得厉害，闻言顿时大怒，下令将他关进大牢。智慧大臣仍然说："很好，这是件好事。"

几个月后，国王到森林里狩猎，国王着迷于追逐一只羚羊，无意间竟然穿越了国界，进入了食人族的地盘。食人族将国王及随从的大臣全都抓了起来，见到国王服饰华丽，巫师便决定用国王来献祭。正要举行祭礼的时候，巫师突然发现国王左手少了一根小指头。

根据食人族的规矩，肢体不健全的人是不能用来献给祖先的。当下酋长大怒，将国王逐了出去。而那些跟随的大臣，一个也没有活着回来。九死一生的国王回到宫中，想起了智慧大臣的话，连忙下令将他从牢里释放出来。国王深觉在他割断小指头时，智慧大臣所说的话颇有道理，并为了这几个月的冤屈向他道歉。

智慧大臣还是那句口头禅："很好，这是件好事。"

国王说："你说我少了小指头是件好事，我相信。但是我关了你这么久，让你受了这么多苦，难道对你也是件好事？"智慧大臣笑着点点头："当然是件好事！如果我不是在牢里，一定会陪您去打猎，那么我今天就回不来了。"

在这喧闹的城市，车水马龙，人来人往。却没有属于自己的一点空间，哪怕是一条狭小的缝隙。

看着窗外的阳光升起又落下，感觉自己的青春正在无法挽回的流逝。

曾经的梦想,曾经的快乐,都埋葬在这灰暗的城市中。不想让自己太累,只想做一个普通而又简单的人。

做一个简单的人。抛开世俗的烦恼,在心里给自己留一席空白之地,做自己喜欢做的事情。渴了喝水,困了就睡,不必强求,顺其自然。很多事情是无法改变的,也不需要去改变。孤单无聊时,音乐是安慰。累的时候就听听音乐,赶走寂寞与孤单。

音乐,是心灵的安慰。深夜,戴上耳机,享受一个人的世界,陶醉在这份快乐之中。再提笔写下一段心情文字,记录下生活的美好点滴。生活,就是这么简单。

做一个简单的人。闲品五味人生,笑看花开花落。快乐就会笑,伤心就流泪。不要去逼迫自己做不喜欢的事情。很少谈妄想,很少谈后悔。昨天的昨天,都只是回忆,不要有太多后悔。明天的明天,是无法预料的,不要有太多妄想。

真心爱过谁,不需要感谢。真的要告别,就别太纠结。亲人,朋友,爱人,都会有分开的时刻。乐于帮助别人,感谢帮助我们的人。生活不要有太多的繁杂。

做一个简单的人,哪怕太天真。在这现实的社会中,想要简简单单,感觉就是妄想。像是一个孩子天真幼稚的梦想,难以实现。但有时候,我们更希望自己像孩子一样,永远也不要长大。

不懂得生活的烦恼,对明天也没有太多的疑问。在孩子的梦里,明天是一个美丽的梦。虽然我们无法回到童年,但我们可以改变自己的心境。一个人看电影慢跑,一个人听着歌睡着。用一个孩子的本能,说着愿望的可能。一个人感动在自己独立的生活里,用沉默的方式。而沉默并不是逃避,而是一种态度。

做一个简单的人,不需要天分。在每天不断地奔跑中,常常会觉得自己很累。盛夏的风轻轻掠过额头,伴随着稀稀疏疏的蝉鸣,这世界依然美好。夜晚,繁星点点。太多烦恼总是在梦中忘掉。一觉醒来,又会是一个新开始。奔跑,停息,继续前行。一切都不过是自己找到快乐的过程。听风听雨声,看海看流星。用沉睡的记忆,唤醒最初的心跳。相信自己,你便是快乐的。

做一个简单的人,哪怕太天真。不想对明天总是有太多的疑问。一个

人看电影慢跑,一个人听着歌睡着。用一个孩子的本能,听你说着愿望可能。

做一个简单的人,不需要天分。不过是自己找到快乐的过程。虽然总是太多烦恼,但是梦中全部忘掉。轻轻地风依然美好,唤醒我最当初的心跳。

心灵悄悄话
XIN LING QIAO QIAO HUA >>>

做一个简单的人。简单,而不是简约,简单,更不是简陋。简单,是一种生活态度。简单,是一种自我快乐。简单,是心灵的独自旅行。

为心情留有空隙

一个满怀失望的年轻人千里迢迢来到法门寺，对住持释圆说："我一心一意要学丹青至今没有找到一个能令我心满意足的老师。"

释圆笑笑问："你走南闯北十几年，真没能找到一个自己的老师吗?"年轻人深深叹气说："许多人都是徒有虚名啊，我见过他们的画，有的画技甚至不如我呢!"释圆听了，淡淡一笑说："老僧虽然不懂丹青，但也颇爱收集一些名家精品。

既然施主的画技不比那些名家逊色，就烦请施主为老僧留下一幅墨宝吧。"说着，便吩咐一个小和尚拿了笔墨砚和一沓宣纸。

释圆说："老僧的最大嗜好，就是爱品茗饮茶，尤其喜爱那些造型流畅的古朴茶具。施主可否为我画一个茶杯和一个茶壶?"年轻人听了，说："这还不容易?"于是调了一砚浓墨，铺开宣纸，寥寥数笔，就画出一个倾斜的水壶和一个造型典雅的茶杯。那水壶的壶嘴正徐徐吐出一脉茶水来，注入到了那茶杯中去。年轻人问释圆："这幅画您满意吗?"

释圆微微一笑，摇了摇头。释圆说："你画得确实不错，只是把茶壶和茶杯放错位置了。应该是茶杯在上，茶壶在下呀。"年轻人听了，笑道："大师为何如此糊涂，哪有茶壶往茶杯里注水，而茶杯在上茶壶在下的?"释圆听了，又微微一笑说："原来你懂得这个道理啊! 你渴望自己的杯子里能注入那丹青高手的香茗，但你总把自己的杯子放得比那些茶壶还要高，香茗怎么能注入你的杯子里呢? 把自己放低，才能吸纳别人的智慧和经验。"

很多时候，我们心如明镜，懂得能够拥有一份美丽的心情，是人间至美。

很多时候，我们又蓦然发现，心情好像一种极柔弱的东西，经常会因为自然界的风花雪月或是人世间的阴晴冷暖，而剧烈地波动着，蛛丝般震颤飘荡，无所依傍。

美丽的心情，是难能可贵的无价之宝。快乐的时候，心情恣意飞扬舞动，自信而快活，即便在黑夜中徜徉，也会绽放出如花笑颜；而一旦失去了心境的美好，陷入凄苦的境地，霎时间天昏地暗，即使身在睡梦里，也会洒落泪滴数行。

心情，它柔软而娇贵，是我们生命中不可或缺的重要组成部分。即便健康与美貌皆备，如若没有一份美丽的心情，也犹如在沙土上建高塔，清水里捞月亮，一切都无从谈起。

心情，它与我们形影不离，或许，它比影子的追随还要固守坚实得多。当光慢慢消失的时候，影子就会躲藏在深深的黑暗之中，寻不见形迹。只有我们的心情，会始终如一地牢牢黏附在胸腔中最隐秘的地方，坚定不移地陪伴着我们，绝不会轻言离弃。

心情，是心田这片土地酝酿出的植物。只要我们的心脏没有停止跳动，心情就播撒着，活跃着，生长着，更迭着，强有力地制约着我们的生存状态。在我们的一生当中，可能没有爱情，没有自由，没有健康，没有财富，却独独不会缺少心情的存在。

很多时候，我们会陷进失落的国度，没有来由地感到心烦意乱……

很多时候，我们会感觉到一种无力的倦怠正一步一步向我们逼近……

其实，就如同日升日落轮回交替一般的道理，心情自然也会有起伏辗转的时候。

因此，我们要给心情留下些许的空隙，就好像两辆车之间的安全距离——一些缓冲的余地，以便可以随时随地的调整自己，让心情进退有据。

我们当然明白，生活的空间，须借清理挪减而留出；我们也应当知晓，心情的空间，则经思考开悟而扩展。

人生就宛如一副牌，无论我们手中所持有的这副牌是优是劣，都要竭尽全力把它打到淋漓尽致，如同我们在生活中不论遇见什么状况，重要的是我们处理它的方法与态度。

其实，如果我们愿意撤下心防，仔细地想一想，就不难看出生活中并非总是阴影重叠，当我们选择转身面向门外的阳光灿烂时，就不可能总是被暗影迷迭笼罩着。

心情，不是一成不变的，它天生就具备变幻多端的本领。如果你一蹶不振，你将面临一事无成；如果你落落寡合，总喜欢孑然地面对孤灯，不愿正视

自责——莫待无花空折枝

苦难,只是一味地逃避,那么你将在无形中失去很多宝贵的东西;如果你昂扬向前,希望就永远微茫地闪动着,不断激励你前行;如果你百折不回,尽管生活每一次都百般压挤你,你都会充满了韧性和幽默地弹跳而起,大呼一声,我又来了,并且螺旋向上;如果你面向每一丛绿树与鲜花粲然微笑,它们必会回报你绿意与芬芳……

心灵悄悄话
XIN LING QIAO QIAO HUA >>>

　　一句温暖贴心的话,真诚地说给别人听,就好像往别人身上喷洒香水,自己在无形中也会沾染到若隐若现的香气。因此,要想拥有一份美丽的心情,要时时心存好意,才能够心襟坦荡,明朗平和。

舍弃是另一种获得

我们常常会不由自主地慨叹人生苦短,快乐难觅,匆忙间回眸已是两鬓染白霜。作为平凡人,我们要想拥有一份美丽的心情,就要仔细体味人生深厚的内蕴,慢慢地触摸生活真确的意义。虽然,我们只是天地万物之间的一粒微尘,不能决定生命的长度,但是我们可以全力以赴去拓展它的宽度,让我们的心情在短暂的人生中,闪耀出璀璨的光芒,常常美丽,时时动人。或许,我们无法更改天生的容貌,但我们可以展露真心的笑容,同样是生命里一道绚丽的风景;我们并不奢望能控制他人迎合自己,但我们能够掌握自己的命运,选好自己该走的每一条道路;我们无法预知明天会发生什么事情,但我们可以充分地利用今天,就不会在明天颓然言悔;我们无法要求生活中事事顺畅,但我们可以做到事事尽心。

能够拥有一份美丽的心情,不是因为我们获得的颇多。而是我们计较的很少。我们深深懂得,多,有时也是一种负担,是另外一种失去;少,并非真正不足,而是一种隐形的有余。很多的时候,我们审时度势,选择了舍弃,学会舍弃并不意味着全然失去,而是一种更宽阔更博大的获得。

在生活中,要想拥有一份美丽的心情,我们应该学着豁达一些、开朗一些。因为,只有豁达的人才不至于钻进牛角尖,也才能乐观进取;只有开朗的人才能够做传播快乐的使者,让生活中时时洋溢着轻松愉悦的气息。

我们要想拥有一份美丽的心情,就要拥有一颗明澈自在的心,不管外在大环境如何变化,自己心里始终都能容纳一片清静的天地。清静无须喧闹繁杂,更无须所求甚多,能够学着放下挂碍、丌阔心胸,心中自然清静无忧。

美丽的心情,它能感应快乐的如丝如弦,体会世间的每一分感动,贴合情感的每一种明艳,它是澄澈恬澹的。

美丽的心情,覆盖生命中每一个清晨与夜晚,让心灵保持明净,并且充盈着一种确实而永恒的安宁。让我们的心念意境,时常保持清朗明畅,我们

的生命,因此而广博! 因此而绚烂!

一位年轻人在岸边钓鱼,坐在他旁边的一个老人也在守望着一根长长的鱼竿。一段时间过去了,奇怪的是,老人不时地就能钓到一条银光闪闪的鱼,可是年轻人的浮标却没有动静。年轻人迷惑不解地问老人:"我们钓鱼的地方相同,您也没有什么特别的诱饵,为什么我就毫无所获呢?"老人微笑着说:"这就是你们年轻人的通病,容易浮躁,情绪不稳定,动不动就烦乱不安。我钓鱼的时候,常常达到了浑然忘我的地步,我只是静静地守候,不像你会时不时地动动鱼竿,叹息一两声。我这边的鱼根本就感觉不到我的存在,所以,它们咬我的鱼饵,而你的举动和心态只会把鱼吓走,当然就钓不到鱼了。"

心灵悄悄话
XIN LING QIAO QIAO HUA >>>

美丽的心情,它宁静而坚定,可以蕴涵人生林林总总的苦难,但绝不会被苦难轻易地击碎,它是稳健向上的。

第六篇 >>>

散淡人生是另一种美丽

　　散淡,是一种人生态度,是对生活的一种选择。有人曾经说过,态度决定一切。你对生活选择什么,生活也许才会回报给予你什么。人生许多的烦恼痛苦,大都是我们自己找寻而来。我们总是埋怨生活,其实,芸芸众生在同一片蓝天之下生活,不同的只是我们自己。正所谓生活各各相似,又各有各的不同。对人生不同的态度,决定了各自不同的人生结果。每一个生命都不一样, 都是一个奇迹。每一天也都不同,都是一个开始。生命不可能选择,但生命的方式却是可以选择的。唯选散淡是一种明智的选择。

散淡是一种大快乐

两个水桶一同被吊在井口上。其中一个对另一个说："你看起来似乎闷闷不乐，有什么不愉快的事吗？""唉，"另一个回答，"我常在想，这真是一场徒劳，好没意思。常常是这样，刚刚重新装满，随即又空了下来。""啊，原来是这样。"第一个水桶说："我倒不觉得如此。我一直这样想：我们空空地来，装得满满的回去！"

散淡是一种美丽，是一份超然的宁静，也是一种至高的精神境界。

散淡，是一种人生态度，是对生活的一种选择。有人曾经说过，态度决定一切。你对生活选择什么，生活也许才会回报给予你什么。人生许多的烦恼痛苦，大都是我们自己找寻而来。我们总是埋怨生活，其实，芸芸众生在同一片蓝天之下生活，不同的只是我们自己。正所谓生活个个相似，又各有各的不同。对人生不同的态度，决定了各自不同的人生结果。

人生如花草树木那样枯荣无常，生命如流星那样短暂，岁月如刀剑那样地无情。风霜雨雪天经地义，喜怒哀乐人之常情。自己道路自己走，自己日子自己过，自己的生命要自己来珍重。每一个生命都不一样，都是一个奇迹。每一天也都不同，都是一个开始。生命不可能选择，但生命的方式却是可以选择的。唯选散淡是一种明智的选择。

散淡，并非是无所追求，而是悟得生活的真谛。看轻或是舍弃人生中多余的部分。我们一路辛苦，一路忙碌，身累心更累。我们所孜孜以求的都是人生所必不可少的吗？舍弃更是一种聪慧，一种境界，取也难舍更难。以出世之心行入世之事，是进也乐，退也乐，如此散淡，方能得人生真味。

散淡，是放大快乐，享受生活赋予你的一切。人生活在世上，不能太累，家是自己待的地方，看得过去、待着舒服就行了。对一些事情，不妨散淡一点。散淡不是懒散、颓废，散淡是成熟、老练、通达和睿智。散淡是坦然面对

逝去的岁月,明白沧海桑田的光阴无情,看得清天下,容得下自我。

虽然,我们的人生也可能会有些许飞扬的时候,但那毕竟只是一种短暂的辉煌。更多的时刻,我们所面对的是永远的平和与安稳,乃至庸庸碌碌,无所作为。无论我们自己愿意还是不愿意,生活一样在以一种最凡俗的面目介入我们的生命。生活毕竟是平常甚或是琐碎的,没有那么多的诗情画意,有时候倒觉得生活很像是一篇篇朴素的随笔。

君侯圣贤也好,凡夫俗子也罢,一样免不了要面对生老病死、衣食住行的困扰。所以,讲究实际,立足现实,不亢不卑,随遇而安,如此这般的散谈又何尝不是一种福分一种境界?又何尝不是一种坦然入世、实事求是的人生态度呢?

心灵悄悄话
XIN LING QIAO QIAO HUA >>>

所以,学会散谈,让自己真正成为生命的主人,就能活得轻松活得快乐活得简单活得自由。

人生一切皆为过往

一个灵魂要求上帝派给他一个最好的"形象"。上帝回答："你准备做人吧。""做人有风险吗?"灵魂问。"有,钩心斗角,残杀,诽谤,夭折,瘟疫……"上帝答。"另换一个吧!""那就做马吧!""做马有风险吗?""有,受鞭笞,被宰杀……"他又要求换一个。换成老虎,得知老虎也有风险。再换成植物,了解植物也是存在风险。"啊,恕我斗胆,看来只有您上帝没风险了,我留下,在你身边吧!"上帝哼了一声:"我也有风险,人世间难免有冤情,我也难免被人责问……"说着,上帝顺手扯过一张鼠皮,包裹了这个灵魂,推下界来:"去吧,你做它正合适……"

花开花落,那是起伏的人生;波峰波谷,那是燃烧的生命;顺风逆风,那是岁月的感悟;春去春回,那是别致的风景。做不成太阳,就做最亮的星星;成不了大路,就做最美的小径;做不成元帅,就做无畏的士兵;成了明星,就做平凡的百姓。一切皆为过往,快乐才是人生。人生,总是由热闹开始,慢慢步入平淡,归于平静。年轻时,热情澎湃,斗志昂扬,指点江山,总以为天将降大任于自己,慷慨激昂;中年后,激情渐淡,冷眼旁观,把人生所有的种种,凝成一丝丝淡然,平添了一份安然;年老了,一切索然,那些激情,只是在月明星稀,悄悄滑过心头,没有波澜,只愿安稳,平静。

时光匆匆,人生如梦。蓦然回首,才发现,伤你的,一定是最近的;疼你的,一定是最亲的。这个世上,与你无关的,总不能伤着你;与你无缘的,总不会关心你。大凡伤你的,不是你的朋友,就是你的亲人;关怀你的,不是你的家人,就是你的友人,除了这些,谁能伤着你,谁会关心你。离的愈近,伤的愈重。

物质丰厚是富有,心灵宽余乃幸福。富有的人不一定幸福,幸福的人不一定富有。不遗余力地追求物质的富有,声名的显赫,地位的尊贵,往往错

失了淳朴的幸福。心如水杯,幸福如杯中的甘泉,杯中的杂质越多,幸福就越少,当沉渣填满杯子,幸福之泉已被榨干。清除欲望之尘,心宽了,才能时时感觉到幸福。有些人无须再见,因为只是路过;有些事不必在意,因为在意了又能怎样。成熟的人生,不是肆意假想如果,而是坦然面对结果。经历的人与事,俱难重来,莽撞让人懊悔一阵子,怯懦让人追悔一辈子。时光好不经用,青春不逮,暮年就至,唯余几多红尘嗟叹。用淡然看透俗事,用遗忘解脱往事,用沉默诉说心事。

　　一辈子很长,也很短,生命总是不停地说着再见,相遇,总是伴着相离,牵手总是连着挥手,人生把相逢、相离演绎成心灵的距离,诉说着往来的亲疏,友情总是取决于彼此的缘分。但不管怎样,相遇了,记住,珍惜缘分;相离了,包容、祝愿安好。因为人生很短,记住那些美好,忘却那些不快,心灵会永远安康美好。心怀感恩,幸福常在。快乐属于知足者,幸福属于感恩者。用平常心对待生命的每一天,用感恩心对待眼前的每一个人,幸福和快乐就会不请自来。

心灵悄悄话
XIN LING QIAO QIAO HUA >>>

　　懂得感恩的人,遇到祸也可能变成福;只知抱怨的人,碰上福也可能变成祸。幸福的秘诀,就是不抱怨过去,不迷茫未来,只感恩现在。

不要太迷恋你自己

人生就像一束花，只有仔细观赏，才能发现它的美丽。人生像一杯清茶，只有慢慢斟酌，才能品出香醇的味道。人生就像一座山，重要的不是它的高低，而在于它的灵秀。人生就像一场雨，重要的不是它的大小，而在于它的及时。

生命是一种过程，事情的结果尽管重要，但是做事情的过程更加重要，因为结果好了我们会更加快乐，但过程使我们的生命充实。以眼看世界，世界是很小的；以心看世界，世界是很大的。有些人，有些事，只有用心去体味，才能了解得更真实。

正是这种感觉，年轻的我们，在成长的过程中，少不了磕磕绊绊，雨雨风风。可是人生路上，总会有盏心灵的明灯照耀我们，一步步，向前进。

当你说累的时候，或许是心累了，或许是人累了，便很想安静，试着除去一天的浮躁，找一块安静的净土，给心灵放一个假，来静静地聆听净化心灵的音乐。

佛家说，净化心灵，贵在自我。只有敞开心扉，才能看见污垢，有效地清理污垢。若总是用双手遮住自己的心灵深处，那么，污垢是永远也洗涤不净的。

和聪明的人一起，你就得聪明；和优秀的人一起，你就得优秀。善于发现别人优点，并把它转化为自己的长处，你就会成为聪明人；善于把握人生机遇，并把它转化成自己的机遇，你就会成为优秀者。学最好的别人，做最好的自己。和不一样的人一起，就会有不一样的人生。

人生之难，最难提高的是素质；最难改变的是习惯；最难统一的是行动；最难做好的是细节；最难处理的是关系；最难把握的是机遇；最难实现的是理想；最难得到的是人心；最难分配的是利益。人活着的意义应当是过程，而不是结论。所以一个人不应该以自己的经验和观点去影响另一个人，何

况他不是你,你也不是他。每一个人成长的过程都不一样,人生的酸甜苦辣应当自己尝一尝,尝试才是人生。

心态倾斜的时候,可以去几个地方看看:孤儿院,远离了亲人的温暖,是人生最大的不幸;边远山区,贫穷没什么,唯有正视现实,生存才是硬道理;医院,生命最值得珍爱,其他皆是浮云;墓地,你拥有得再多,最终亦是殊途同归,适当降低物欲的追逐,心态平衡了,你救赎的也正是你自己。

最执着的东西对自己伤害最大,心放平了,一切都会风平浪静;心放正了,一切都会一帆风顺;心放下了,快乐与幸福也就随之而来。如果我们不执着于快乐,快乐自然而然就来了;如果我们不逃避痛苦,痛苦自然而然就远离了。放下不是放弃,轻松不是懈怠,自在不是放逸,随缘不是随便,不执着不是不认真。

人,往往就这样,自己不去努力拼搏,眼睛却死死地盯着别人,错误地认为自己已经走在了时代前列,看着不断有人超越自己,耿耿于怀,郁郁寡欢。如果自己努力奔跑起来,效果就不一样了,后面很多人在追逐着自己,前面有很多人被自己追逐得气喘吁吁,于是你心胸豁然开朗,脚下生风,妙趣横生。

聪明人一定要学会善待自己,人生总会有那么多的失败、挫折、痛苦和折磨。这个时候请不要闭锁你的心灵;请不要让自己的心灵布满阴云;请不要抛开生活中一切美好的东西,要敞开你的心灵。当不幸降临到你身边的时候,学会爱自己,对自己说:这一切都会过去的,要珍惜生活中的每一寸光阴。

如果有人愿对你好,就别折腾好好过吧,世上没十全十美的人,一个人能对你好就已很难得。如果有人从最穷时跟着你,就别贪心了,无论发达成什么样,都守着人家过吧。我们经历过的人再多,最后能陪在你病床前的也只有一个。人生到老方知唯一。不折腾,不贪心,才是一辈子。

不是每个追求你的人都是值得信任,对你好,总有目的:有些人是想要占有你,而有些人是想要保护你。想占有你的人,虽然追求的时候千好万好,可一旦得到,他就不在乎了。而想保护你的人,才会默默陪着你一生。为你的表面而来的人,也会为别的表面而走。只有为你心而来的人,才会长久。

做人必须学会的:处事须精明,待人要糊涂;有福而不骄,则无祸;有祸

而不惧,自是福;大事看担当,逆境看襟怀,喜怒看涵养,行止看胆识;有点忙碌是个福,免得无聊;受点诽谤也是福,免得骄傲;交友要先淡后浓,先疏后亲;清贫之交能长久,利益之交必两伤。

人生难得四境界:一是痛而不言。话,妙在说与不说之间。无言不是不痛,而是直面悲痛。二是笑而不语。微笑具有移山的力量,淡然一笑,有时胜过千军万马。三是迷而不失。淡定是人生修炼,痴迷和失态会伤及自身。四是惊而不乱。宠辱很难不惊,心惊则心动,动中有静、惊而不乱则具有别致之美。

生活中很多事情是无法经营的,时间不能经营,总会在我们的珍惜、漠视、浪费中慢慢走远。幸福不能经营,利益会让情感褪色,让情愫枯萎;微笑不能经营,它是不求回报的天使,是根植在我们心中的春天。我们唯一可以做的,是好好地经营自己,经营好自己的心灵空间,不要让爱在我们的淡漠中渐渐荒芜。

生活之中,其实个人的喜恶并不重要。因为你喜的或恶的,未必都能随你心。人与人相处,最重要的是包容。是人,都会有心情,因为心一直跳动着。学会放下一些个人感受,是另外一种幸福。

心灵悄悄话
XIN LING QIAO QIAO HUA >>>

是人,都会有情绪,学着理解,试着迁就,就是一种洒脱。其实一切烦恼的根源,就是你太迷恋你自己了。

该得到的就不要错过

一个猎人带儿子去打猎,在林子里活捉了一只小山羊。儿子非常高兴,要求饲养这只小山羊,父亲答应了,将猎物交给儿子,要他先带回家去。

儿子挎着枪,牵着羊,沿着小河回家。中途,羊在喝水的时候忽然挣脱绳子,小猎人紧追慢赶,终于没抓住,到手的猎物就这么飞走了。

小猎人既恼火又伤心,坐在河边一块大石头后哭泣,不知道如何向父亲交代,满腔懊悔之情。

糊里糊涂等到傍晚,看见父亲沿河流走来了。小猎人站起来,告诉父亲失羊一事。父亲非常惊讶,问:那你就一直这么坐在大石头后面吗?

小猎人赶忙为自己辩解:我没能追赶上它,也四处找了,没有踪影。

父亲摇摇头,指着河岸泥地上一些凌乱的新鲜脚印:看,那是什么?

小猎人仔细察看后,问:刚刚来过几只鹿吗?

父亲点点头:就是!为了那只小山羊,你错过了整整一群鹿啊!

人之所以容易摔跤,是因为失去了平衡。道理浅显却容易被忽视。思想失去了平衡,就会往歪处想;身体失去了平衡,必然会倾斜;做事失去了平衡,难免不周全;做人失去了平衡,容易走岔道。平衡,不是水平,而是力量的制衡。只想得到,会失去更多。拒绝痛苦,痛苦势必更甚。害怕失败,成功就无法到来。

婴儿什么都明白就是说不出。幼儿什么都想说就是不明白。童年什么都要问不管该问不该问。少年什么都很烦,不知到底烦什么。青年智商和情商互殴,梦想与现实错乱。中年什么都是问题,就是不知问题到底是什么。老年看得惯的不多,想得起的更少,只要活着就是美好。

人生如车,或长途,或短途;人生如戏,或喜,或悲。很多事,过去了,就注定成为故事;很多人,离开了,就注定成为故人。生命中的故人,积攒的故

事,这些都是历练。人就是在历练中慢慢成熟的。一些事,闯进生活,高兴的,痛苦的,时间终将其消磨变淡。经历得多了,心就坚强了,路就踏实了。

现实生活中,每个人都不是一座孤岛,每个人的命运都同所有人连在一起,每个人都需要友善和帮助。很多时候,我们帮助别人,实际上也帮助了自己。人的一生,不可能不遇到困难,也不可能不需要别人的帮助,但陌生人的帮助更令人肃然起敬,因为这是一种善的启迪、延续和传播。

在这世上,能整日捧着你的玻璃心,小心翼翼地尽量不去伤害的,永远只有身边几个人,要么是你爹妈,要么是你的爱人和朋友。除此之外,全世界的人谁管你受不受伤,所以说,要么就待在家里保护玻璃心,要么就走出门外让人伤害。其实生活的历练,就是从一颗玻璃心变成钢铁心,淡然处得幸福。

不要以和人相比判定自己的价值,正因我们彼此有别,才使每个人显得特别。不要以别人的标准作为自己的目标,只有你自己知道什么最适合你。不要将最贴心的人视若当然,请珍惜他们,如同对待你的生命。不要因为沉湎过去,或憧憬未来而使时间从指缝中溜走;过好今天、把握当下,你便精彩了生命的每一天。

该得到的不要错过;该失去的,洒脱的放弃。过多的在乎会将人生的乐趣减半,看淡了,一切也就释然了。

心灵悄悄话
XIN LING QIAO QIAO HUA >>>

执着其实是一种负担,甚至是一种苦楚,计较得太多就成了一种羁绊,迷失得太久便成了一种痛苦。放弃,不是放弃追求,而是让我们以豁达的心去面对生活。

勇于放弃，为了自己想过的生活

一个老人在高速行驶的火车上，不小心把刚买的新鞋从窗口掉了一只，周围的人倍感惋惜，不料老人立即把第二只鞋也从窗口扔了下去。这举动更让人大吃一惊。老人解释说：这一只鞋无论多么昂贵，对我而言已经没有用了，如果有谁能捡到一双鞋子，说不定他还能穿呢！

成功者善于放弃，敢于放弃，勇于舍得！

人生的路很漫长，无论怎么选择，我们都要走向成熟的，都是朝着终点走去的。要学会不断地否定自己，世界是对的，错的是我们，慢慢地剔除年少的偏执轻狂；要学会体察他人，修炼包容大度的胸襟，其实对与错没有绝对，就看你心灵的境界有多宽广；要学会简单，你对世界简单了，世界也就不会太复杂。

放弃并不代表你没本事，有时候正因为你足够强大，才能够放开曾经紧握的手。低调并不代表你没实力，有时候正因为你足够优秀，才不会去过多的张扬自我。忍让并不代表你没魄力，有时候正因为你足够自信，才不会去计较一时的得失。简单并不代表你没经历，有时候正因为你足够成熟，才不会让自己活得太沉重。

你心中有过去一段美丽的经历，好好珍藏，但千万别拿出来跟现在比，比不出成熟，比不出幸福，也比不过时间。每个人心里都有一面放大镜，是把它对准消极的东西还是积极的东西，全由我们自己做主；多数时候我们都把它对准了消极的那一类，所以我们不成功，所以我们不快乐。

我们时刻都在失去，失去时间，失去生命，失去财富，失去机会。我们努力地想去拥有更多的精彩，可惜只有两只手，所以必须学会选择，学会放弃。要清楚哪些是我们不需要的，如果心的欲望太大，什么都想抓，可能最后什么也抓不牢。只有学会放弃，才能更好地持有。

　　人生是由许多不完美连缀成的完美曲线，不要为曾经的错失愤愤不平，无须为走远的风景扼腕叹息。我们要知道，完美的是想象，不完美的才是生活。过去就如一张封口照片，只可以借鉴和欣赏，却无法颠倒和重复。昨天是定型的一本书，今天是待绘的一张纸，我们不能让太多的过往挤压当下的空间。

　　有些事，我们明知道是错的，也要去坚持，因为不甘心；有些人，我们明知道是爱的，也要去放弃，因为没结局；有时候，我们明知道没路了，却还在前行，因为习惯了。在这个世间，总有一些我们无法完成的事情，一些无法靠近的人，无法占有的感情，一些无法抵达的地方，无法修复的缺陷。

心灵悄悄话
XIN LING QIAO QIAO HUA >>>

　　人的一生，都是在对与错、爱与恨、欢乐与痛苦中徘徊。当我们历经挫折，饱受许多痛苦和忧伤之后，抚摸着昔日的伤痕，回忆着曾经的伤痛，未免怅然。多少年以后，当年少的浮躁与轻狂，被从容与沉稳所取代，再度面对纷扰的世界滚滚红尘的时候，对所有的一切都已显得淡然。为了自己想过的生活，勇于放弃一些东西。

只有淡然才能处得幸福

一位心理学家想知道人的心态对行为到底会产生什么时候样的影响，于是他做了一个实验。首先，他让10个人穿过一间黑暗的房子，在他的引导下，这10个人皆成功地穿了过去，然后心理学家打开房内的一盏灯。在昏暗的灯光下，这些人看清了房子内的一切，都惊出一身冷汗。这间房子的地面是一个大水池，水池里有十几条大鳄鱼，水池上方搭着一座窄窄的小木桥，刚才，他们就是从这座小木桥上走过去的。心理学家问："现在，你们当中还有谁愿意再次穿过这间房子呢？"没有人回答。过了很久，有3个胆大的人站了出来。其中一个小心翼翼地走了过去，速度比第一次慢了许多；另一个颤颤巍巍地踏上小木桥，走到一半时，竟只能趴在小桥上爬了过去；第三个刚走几步就一下子趴下了，再也不敢向前移动半步。心理学家又打开房内的另外9盏灯，灯光把房里照得如同白昼。这时，人们看见小木桥下方装有一张安全网，只由于网线颜色极浅，他们刚才根本没有看见。"现在，谁愿意通过这座小木桥呢？"心理学家问道。这次又有5个人站了出来。"你们为什么不愿意呢？"心理学家问剩下的两个人。"这张安全网牢固吗？"两个人异口同声地反问。

这个世界没有公正之处，你也永远得不到两全之计。若要自由，就得牺牲安全。若要闲散，就不能获得别人评价中的成就。若要愉悦，就无须计较身边人给予的态度。若要前行，就得离开你现在停留的地方。两个人要成为爱人容易，但要组成家庭却很难。因为只靠爱情不能相守一辈子，白头偕老需要更多东西。老公不是一种身份，而是一种责任。老婆不是一种昵称，而是一种守护。成为情侣或许只需爱情，但要做家人，却需要两个人的付出、妥协和坚持。

一生中，我们要经历许多事情，要相识相交许多人，而心灵像一个筛子，

在世事颠沛流离中,慢慢地一些人就漏掉了。不过,对于智者来说,他们漏掉的只是别人的过错与不足,他们不会刻意去记恨一个人,而会记住他人的好和善,并时时充盈自己那颗感恩的心。宽容、大气的生活会让我们更容易感受到喜乐与安然。

你全心全意为一个人,可对方不一定在意你。反倒曾伤害他的人,却总被心心念念。所以对人好并不会令感情长久。你对人好的同时,有没有人对你一样好,这才是重点。当你爱一个人超过爱自己,这是真爱却不是好生活。

这个世界上最不开心的人,是那些最在意别人看法的人。等待愈是长久,得来时便愈是珍惜,任何值得拥有的东西,一定是值得等待的。永远不要向任何人解释你自己,因为喜欢你的人不需要,而不喜欢你的人不会相信。如果你被批评,请记住,那是因为批评你会给他一种重要感,也说明你是有成就,引人注意的,很多人凭借指责比自己更有成就的人得到满足感。

了解自己、认识他人,真的很重要。金钱可以取之有道,但不能巧取豪夺;时间可以争分夺秒,但不能挥霍浪费;生命可以精彩丰富,但不能枯燥乏味;人生可以跌宕起伏,但不能重新来过。

心灵悄悄话
XIN LING QIAO QIAO HUA >>>

珍惜光阴,真爱生命,把握现在,开创美好未来。只有淡然才能获得幸福,尝试才是丰富的人生!

第七篇 >>>

心态是最大的本钱

　　生活中，一个好的心态，可以使你乐观豁达；一个好的心态，可以使你战胜面临的苦难；一个好的心态，可以使你淡泊名利，过上真正快乐的生活。人类几千年的文明史告诉我们，积极的心态能帮助我们获取健康、幸福和财富。当你遇到一件事情，已无法解决，甚至是已经影响到你的生活、心情时，何不停下脚步，给心灵一个修禅打坐的时间。或许换种方法，或许换种角度，或许换条路来走事情便会简单了许多，"如果我们走的太快，要停一停等候灵魂跟上来"。据说这是印第安人的一句名言。

转弯的地方并不是路的尽头

不是路已走到了尽头,而是该转弯了,这句话很有意思,让人看了会有许许多多的感慨。

当你遇到一件事情,已无法解决,甚至是已经影响到你的生活、心情时,何不停下脚步,给心灵一个修禅打坐的时间。或许换种方法,或许换种角度,或许换条路来走事情便会简单了许多,"如果我们走得太快,要停一停等候灵魂跟上来"。据说这是印第安人的一句名言。

只是不要让自已一直的陷在痛苦的深渊中,生命中总有挫折,那不是尽头,只是在提醒你,该转弯了!

学会放弃,将昨天埋在心底,留下最美的回忆,放手并不代表你的失败,放手只是让你再找条更美好的路走!

其实人生很多时候需要自觉的放弃! 当一切都已成为过眼云烟,放弃已经是最好的诠释,也就是一种最好的幸福。放弃了恨,留下的就是爱,在落泪以前转身离去,留下华丽的背影,让心灵的负荷轻松而灵动,心中留下的应该是那种淡然,当时间静悄悄的滑过,那样一种感觉,已经随着时间而慢慢走远,心中唯存一种叫爱的东西。

日休禅师曾经说过:人生只有三天,昨天,今天和明天。活在昨天的人迷惑,活在明天的人等待,只有活在今天的人最踏实。

执着是一种负担,甚至是一种苦楚,计较的太多就成了一种羁绊,迷失的太久便成了一种痛苦。放弃是一种胸怀,是一种成熟,是对自我内心的一种自信和把握。放弃,不是放弃追求,而是让人以豁达的心态去面对生活。

古人说:"失之东隅,收之桑榆"。人生中,得与失,也发生在一念之间。到底要得到什么? 到底要失去什么? 见仁见智。人生苦短,我们只是世界的一个匆匆过客,其实在这个看似短暂的人生之旅中,得点儿,失点儿,有何妨呢? 得不到和已经失去固然珍贵,但这并不是最珍贵的,人间最珍贵的应

该是把握好现在你手中的幸福,好好啊珍惜眼前人!

随着年龄的增长,阅历的充实,人应该随着时间调整自己的生命点。

如何面对人生中的得与失,这恐怕是千百年来许多人苦苦思索的。该得到的不要错过,该失去的,洒脱得放弃,不必太在意,拥有时珍惜,失去后不说遗憾;过多的在乎将人生的乐趣减半,看淡了一切也就多了生命的释然。不是路已走到了尽头,而是该转弯了!

有一个人经常出差,经常买不到对号入座的车票。可是无论长途短途,无论车上多挤,他总能找到座位。

他的办法其实很简单,就是耐心地一节车厢一节车厢找过去。这个办法听上去似乎并不高明,但却很管用。每次,他都做好了从第一节车厢走到最后一节车厢的准备,可是每次他都用不着走到最后就会发现空位。他说,这是因为像他这样锲而不舍找座位的乘客实在不多。经常是在他落座的车厢里尚余若干座位,而在其他车厢的过道和车厢接头处,居然人满为患。

他说,大多数乘客轻易就被一两节车厢拥挤的表面现象迷惑了,不大细想在数十次停靠之中,从火车十几个车门上上下下的流动中蕴藏着不少提供座位的机遇;即使想到了,他们也没有那一份寻找的耐心。眼前一方小小立足之地很容易让大多数人满足,为了一两个座位背负着行囊挤来挤去有些人也觉得不值。他们还担心万一找不到座位,回头连个好好站着的地方也没有了。与生活中一些安于现状不思进取害怕失败的人,永远只能滞留在没有成功的起点上一样,这些不愿主动找座位的乘客大多只能在上车时最初的落脚之处一直站到下车。

心灵悄悄话
XIN LING QIAO QIAO HUA >>>

失去是一种痛苦,也是一种幸福。因为失去了绿色,却得到了丰硕的金秋。失去了太阳。却换来了繁星满天。

每个人都有其优秀的一面

有一位推销员,他的业绩总是公司最差的,因此他整天工作没有一点精神,业绩越来越差。后来一位推销大师给他开了一剂良方:你每天出门之前对自己说三遍"我是最优秀的推销员"。后来这位推销员照着去做了,果然他的业绩越来越好,最后居然成为全公司的推销冠军。别人有点不可思议,在公司的一次大会上问他原因,他红着脸说:"因为我是最优秀的推销员。"简单的一句话可以改变一个人,拥有了自信,你就会释放出自己身上的潜能。

古希腊的大哲学家苏格拉底在临终前有一个不小的遗憾——他多年的得力助手,居然在半年多的时间里没能给他寻找到一个最优秀的闭门弟子。

事情是这样的:苏格拉底在风烛残年之际,知道自己时日不多了,就想考验和点化一下他的那位平时看来很不错的助手。他把助手叫到床前说:"我的蜡所剩不多了,得找另一根蜡接着点下去,你明白我的意思吗?"

"明白,"那位助手赶忙说,"您的思想光辉是得很好地传承下去……"

"可是,"苏格拉底慢悠悠地说:"我需要一位最优秀的承传者,他不但要有相当的智慧,还必须有充分的信心和非凡的勇气……这样的人选直到目前我还未见到,你帮我寻找和发掘一位好吗?"

"好的、好的。"助手很温顺很尊重地说:"我一定竭尽全力地去寻找,以不辜负您的栽培和信任。"

苏格拉底笑了笑,没再说什么。

那位忠诚而勤奋的助手,不辞辛劳地通过各种渠道开始四处寻找了。可他领来一位又一位,总被苏格拉底一一婉言谢绝了。有一次,当那位助手再次无功而返地回到苏格拉底病床前时,病入膏肓的苏格拉底硬撑着坐起来,抚着那位助手的肩膀说:"真是辛苦你了,不过,你找来的那些人,其实还

不如你……"

"我一定加倍努力，"助手言辞恳切地说，"找遍城乡各地、找遍五湖四海，我也要把最优秀的人选挖掘出来、举荐给您。"

苏格拉底笑笑，不再说话。

半年之后，苏格拉底眼看就要告别人世，最优秀的人选还是没有眉目。助手非常惭愧，泪流满面地坐在病床边，语气沉重地说："我真对不起您，令您失望了！"

"失望的是我，对不起的却是你自己，"苏格拉底说到这里，很失意地闭上眼睛，停顿了许久，才又不无哀怨地说："本来，最优秀的就是你自己，只是你不敢相信自己，才把自己给忽略、给耽误、给丢失了……其实，每个人都是最优秀的，差别就在于如何认识自己、如何发掘和重用自己……"话没说完，一代哲人就永远离开了他曾经深切关注着的这个世界。

为了不重蹈那位助手的覆辙，每个向往成功、不甘沉沦者，都应该牢记先哲的这句至理名言："最优秀的就是你自己"！

心灵悄悄话
XIN LING QIAO QIAO HUA >>>

苏格拉底也曾经说过："每个人身上都有太阳，关键是如何让这太阳发光。"我们要发现身上的太阳，我们要重视自己。记住"最优秀的人就是你自己"，我们是不是要常对自己说：我就是最优秀的！

不必为小事而自责

每个人生活中都会有一些不如意的事情,而这些不如意的事情带给每个人的影响又各不相同,有些人可能会因为这些不如意的事情而郁郁寡欢,也有些人会从中发现快乐!

人生不如意之事十之八九,无论工作还是生活上,每个人都会有每个人的烦恼。每个人心目中都会面临诸多的大事小事,一个人的精力有限,如果每天都不分轻重缓急的去纠结这些事,不知道可以维持多久。

看到身边一些琐碎小事,我们就气不打一处来!要么大哭一场,要么喝闷酒,其实这样做又有什么用呢!如果我们有点事就大发脾气,难道对方就能得到惩罚了吗?结果只能适得其反。如果我们生气大哭一场,只能把自己眼睛哭得红肿;如果我们喝闷酒;只能伤害自己的身体;这其实都是在惩罚自己。

生气、自责不但解决不了问题,相反会把问题搞得复杂化了!

有一对夫妻,女人做错了事被丈夫奚落了一顿,心里特别不高兴,顺手还摔了一个小镜子。他最烦别人生气时摔东西了。就气呼呼地说:"不是想摔东西吗?大家一起摔好了。"他拿起桌子上的东西摔了一地,摔门出去了。晚上回来的时候,女人已经走了,三天没有回来。

丈夫着急了怕她委屈憋坏了身体,就打电话跟她说:"是我不好,不该对你发火,我不是在乎你摔东西,我只是不想你养成这种习惯,别生气了好吗?"从此,女人再也没摔过任何东西,两个人好像再也没因为小事吵过。相遇是缘,不是用来生气的。

当长辈做错事时,我们不要用恶劣的态度对待他,因为他是我们的长辈。夫妻之间有矛盾,要互相体谅宽容。如果晚辈做错事时,我们一定要讲

道理让他改正,告诉他错在哪里,长大他就会慢慢知道了。

很多时候我们认为是别人伤害了我们,可从来都不知道从自身找原因,难道真的都是别人的错吗? 夕阳如金,皓月如银,人生的幸福、快乐是享受不尽的,哪里还有时间去自责呢? 自责有时候就是用想象中的错误来惩罚自己。

心灵悄悄话
XIN LING QIAO QIAO HUA >>>

生活中,你无法选择你的亲人,你更无法选择你的出身,可是我们却可以选择换一种角度去看待问题。一个严厉的长辈,可以锻炼我们的耐力;一个贫苦的出身则可以更加激发我们奋发图强的斗志。

呵护自己是聪明的行径

呵护自己的 9 种方式,善良对待自己。

"人类生活中有三件事情很重要:第一是善良;第二是善良;第三还是善良。"——亨利·詹姆斯

每天呵护自己是为自己所做的最好的事情之一。生活将变得轻松,你的各种人际关系很可能也得到改善。

总体上,你会感觉更快乐了。而且,你的自尊会提高,日益感到自己值得享受生命中美好事物。

但这事经常被忽略,或者有些人会对此有罪恶感。

就此要积极改变,从今天开始培养新习惯。诸多善良中的一项是呵护自己。以下列出了 9 项呵护自己的方式,你可以看看。

不要想着今天一下子就全部做到。选一样。然后今天就付诸行动。如果感觉良好,对自己有帮助,那么明天继续。

1. 投资自己。

每天上午或晚上,花上半小时到一个小时阅读,聆听或观看能提升你的东西,这样可以帮助你了解自己和世界,或者帮助改善生活。还有,如果可以的话,将学到的东西小小地付诸实践。

2. 如果面临内心或他人批评时,区分真相和攻击。

内心的评判并非一直对自己说好话。周围的人可能攻击你,或者为了他们自己的目的,想踩低你。如果你或者别人这么做时,问问自己:这样的斥责原因何在? 这对改变思路非常有效,找出真相,不要贬抑自己。

比如,如果自己或者别人说你功课不好,那么可以带着这个疑问,找出答案,告诉自己这样的说法不是真的。如果对斥责怀疑,并且仔细查看,你会发觉自己大多数功课真的不错,但可能在数学和物理上有些心不在焉,还有点懒散。

3. 降低幸福的门槛。

早晨醒来。放松一分钟。告诉自己："今天，我要降低幸福的门槛。"我经常用这个办法，而且这个简单的办法会极大改观我的日子。

当对自己这么说，并且一天里，时刻提醒自己，那么我会更加感恩。食物、工作、天气、人们，还有各类琐事，都不再寻常，而是我充满幸福地拥有的东西。那些细琐的事情，或者人们可能想当然的事情，现在成了我经常会驻足欣赏的事情了。这个办法让日子更轻松，更快乐，也更容易让人保持精气神。

4. 今夜，卸下压力。

好好洗个澡，读一些分散心思的文章。或者做运动。或者和别人谈谈自己考虑的事情，将其释放出去。花上半小时或者更多的时间好好呵护身心，消除紧张的心绪，释放压力。

5. 庸碌的日子？为一些积极的事情，迈出一小步。

如果觉得日子庸庸碌碌，或者还有些压抑，那么就为某些积极的目标做出小小的行动，让每天每个星期都能添加新的奔头和乐观情绪。

参加或查询一直想去的旅行。和好友共进晚餐或者喝上一杯咖啡。看看事业如何才能进一步发展，找一些新鲜和让人兴奋的事情去做。培养一个新爱好。

6. 如果遇到挫折，做自己最好的朋友。

不要自我责难，那会毁了你的自尊。而要呵护自己，支持自己。问问自己：在此情况下，朋友、父母会如何支持和帮助我？然后像他或她会去做和说的那样，为自己做一些事情，说一些话。还有，记住问问自己：在挫折中，学到了什么？另外，其间是不是另有机会？然后，带着了解的新情况，重新出发。

7. 找时间，笑一笑。

每天中途找 20 - 30 分钟；如果不现实，那么就利用上午或晚上的时间。用手机，随身播放器，电脑或电视，看一集情景喜剧，读一本好玩的书或漫画，或者听一段会让自己笑的博客。

8. 记住，未来依然在你手中，改变永远不会太迟。

不要陷入思维怪圈，老想着那些已经做过的事情，老纠结什么地方出错了。反而要多想想将来你真正想要的东西。更健康的身体？一场轰轰烈烈

的恋爱？事业上的新机会？为了那个目标,你可以采取那些小小的步骤:今天迈一小步,明天再迈一小步。

9. 仅仅提醒自己——呵护自己是聪明行径的——理由。

更加呵护自己是聪明行径;明白了其中的理由后,呵护自己越来越容易,而且,每天更容易找时间。

心灵悄悄话
XIN LING QIAO QIAO HUA >>>

这样做,会给生活带来更好的成果——更加坚韧;更强的自尊心;内心更快乐、更稳定;和自己、和周围人的关系更积极。那么,在起起伏伏的人生道路上,你会更容易保持呵护自己的习惯。

幸福就像手里的沙

生活中,我们总是有太多的不满足,有太多的奢求,一味地向生活索取自己想要的一切,想拥有的更多,我们总是担心这担心那,总是焦躁不安,事实往往是这样,拥有的越多越担心失去,越担心失去往往越容易失去。为什么不是这坦然面对,让其顺其自然的发展呢?

什么是淡定,淡定就是你的淡然,你的超脱,你的看破。

"生死挈阔,与子相悦。执子之手,与子偕老。"这是对爱情的淡定。

"我能想到最浪漫的事,就是和你一起慢慢变老。收藏起点点滴滴的心事,留到以后和你慢慢聊。"这是对婚姻的淡定。

"春有百花秋有月,夏有凉风冬有雪。若无闲事挂心头,便是人间好时节。"这是对世事的淡定。

"宠辱不惊,看庭前花开花落;去留无意,望空中云卷云舒。""风来疏竹,风过而竹不留声;雁渡寒潭,雁去而潭不存影。故君子事来而心始现,事去而心随空。"这是生活的淡定。

"手把青秧插稻田,抬头便见水中天。心地清净方为道,退步原来是向前。"这是为人的淡定。

人生不如意事,十之八九;可与人言者,十之一二。昔日寒山问拾得:"世间有人谤我、欺我、辱我、笑我、轻我、贱我、骗我,如何处置乎?"拾得回答说:"忍他、让他、避他、由他、耐他、敬他、不要理他,再过几年,你且看他。"如此的态度就是淡定。

一个人要挣脱这繁杂喧嚣、物欲横流的世界,的确很难,但是每个人都别无选择,但是你要幸福,你的心灵必须拥有一份淡定。唯有淡定,才能让你的心平静下来,才能细细品味生活的万千滋味。

那么,我们该如何做到淡定呢?

做到淡定,首先凡事不必太过认真,不要太过强求,一切随缘,顺其自然

就好。人生有时终须有,人生无时莫强求。的确,这是一个尔虞我诈,充满竞争的社会,适者生存,不适者淘汰,但古往今来处于竞争中获胜的一方又能咋样？最后搞得身败名裂,更有甚者,尸骨无存。

秦朝丞相吕不韦为了在战乱不断的社会有自己的一席之地,于是他开始了他一生最了不起的计划,就是把流落到赵国作做人质的"异人"扶上秦国的皇位,为了这个计划,他不惜一切代价,他不仅搭上了自己经商多年所有的积蓄,更用计把自己的爱妾赵姬献给异人。最后,他如愿了,成了秦国一人之下,万人之上的丞相。当异人死后,年少的嬴政还未执掌大权的时候,他更是一手遮天,朝中无人不畏惧他,这样的地位,谁不羡慕？

就这样的他,就这样的吕不韦就这样挣了一辈子,斗了一辈子,却不知收敛一下,最后被大权在握的嬴政赐毒酒而死,何必呢？

再看看"采菊东篱下,悠然见南山"的陶潜,平平淡淡,虽然曾经在官场也过过尔虞我诈,钩心斗角,你争我抢的生活,但最后他却选择了拿着锄头,日出而作日入而息的生活,在山水田园中度过余生。人生就是这样,不管你曾经是何曾的辉煌,何曾的不可一世,最后,你终究会发现人生真正需要的是平淡,需要的是淡定的人生。

山珍海味的美食,燕窝鱼翅的美味都尝过之后,最后你却发现原来一直被你忽视的一碗白稀饭、一块豆腐,看似平淡的没有一点味道,其实,那才是最深最真的味道。

淡定是一种好心境,只有那些心态平和、成熟沉稳的人才能做到;淡定是一种大智慧,只有那些理性从容、不骄不躁的人才能做到。淡定是我们获得幸福、快乐、成功的关键。

我们这个时代很需要"淡定",只有淡定才会使你泰然处之,不会太过兴奋而忘乎所以,也不会太过悲伤而痛不欲生……总之,人生随时要淡定！

心灵悄悄话
XIN LING QIAO QIAO HUA >>>

有时候,幸福就像手里的沙,握得越紧越容易流失,凡事真的不必看得太认真,平平淡淡才是真,不必刻意去握紧什么,我们还年轻,淡定的面对生活,学着淡定,你会发现不一样的人生,不信,你试试看！

下一站幸福

谁让你笑得最开心,你就和谁在一起,谁让你最放松,谁就是你最想珍惜的人,谁让你可以再次找到自己,你就回到谁的身旁。成熟的人不问过去,聪明的人不问现在,豁达的人不问未来,快乐就好,相守的人不需要要求那么多,舒服就好。

谁会幸福?就是那个不断在寻找幸福的人,谁会幸福?就是那个不断遇到挫折仍然在不断进取的人,谁会有可能幸福?就是不管谁伤害了她,她依然相信幸福之门不会永远对她上锁。谁都有资格让自己幸福,只是看你愿不愿意让自己去幸福。不要因为一次偶尔的不幸,而让自己成为一生的不幸。谁都有可能让自己成为幸福的人,只是很多时候是你不愿意走出去拥抱幸福。

人生本是煎熬的过程,我们永远不可能单体的存在,也不可能愿意让自己永远的孤独的存在。有时我们需要有一个人帮你递一张拭泪的纸巾,有时我们需要你累了一个可以停靠的肩膀,有时我们需要半夜惊醒可以相拥的怀抱,有时我们需要的只是你生病时躺在床上有一杯可以喝的水,只是当你想起来的时候,身边却什么也没有,你才会记得有很多人愿意给你幸福时,你却拒绝了。一个人没有得到别人的爱并不可怕,可怕的是你拒绝了所有真心对你好的人还让自己成为永远不幸福的人。

幸福有时很简单,就是可以和你爱的人在一起,你爱的人也爱你,你们正在一起为了梦想而奋斗,梦想越清晰越容易幸福,梦想越单纯越容易幸福!你爱的人能够明白你的梦想,支持你的梦知道你所梦,或许梦想和你并不相同,但是他愿意支持你,不管是物质上的,还是精神上的。

幸福就是生活中,你是他的左手,他是你的右手,合在一起就圆了一个梦。他能肯定你的想法,不会笑你太天真,你能肯定他的努力,相信他可以成功。他赞赏你的心灵手巧,你欣赏他的刻苦努力。或许他的理性是你一

直缺乏的土地,或许你的感性是他一直喜欢的最大愉悦。或许你只喜欢躲在他的身后做他最坚强的后盾无名无性,只在他一身疲累时为他抚慰,或许他看不懂你的所作所为,你也进入不到他的世界,你却依然他眼里那个最棒的人,他依然是你心里最了不起的人。

幸福就是有一个港湾,他是远航,你就是港口,你是燕子,他就是屋檐,有人为你守候,有人为我伫留。你是雨露,我就是长风,有我带你飞翔梦想,我是落花,你就是流水,有我陪着你走到生命的最后一刻,依然深爱着你,你还可以躺在我的怀抱里。你是大树,那么我是泥土,有我与你生生世世相伴,等你到来世依然是种在我的胸膛里。我是诗文,你就是稿纸,有你让我不停地涂写修订打印,你是画像,我就是你的画笔,有我为你消耗生命只为了可以绽放出你最想要的模样。我是星辰,你就是天空,你等待只为了可以等到夜色降临紧听我的心跳,我一生寂寥只是为了可以等到合适的机会可以再次看到你。

每个人都有让自己幸福的权利,每个人都应该认识自己,表达自我,解脱枷锁,打开门窗,拥抱幸福。沉默是你最大的弊病,那么应该学习着坦白,借用文字或歌曲或绘画;如果犹犹豫豫是你最大的缺点,那么应该学会果断直接,体育锻炼可以挥洒你那份不坚决;如果大男人大女人是你最大的不足,那么应该学会温柔体贴,假想如果你因此而将面临失去他,你还会这样的固执自我吗?如果冲动是你最大的不应该,那么应该学会冷静宽容,看大量的书籍,观很多他人的过往借鉴过去,警醒现在的心灵。

生活需要艺术,人生需要感悟,不怕你现在不懂,也不怕你现在不明白,只害怕你一直认为自己是最了不起的人样样都正确事事都在行。伸出五指有长有短,没有人可能事事完美样样俱能,一根手指头能做的事永远没有一只手能干,不能以为自己了不起得以为可以经营一个跨国公司,也不要认为过去的你没有错,现在你也是对的,将来的你也是不会后悔。人,活到老,学到老,只要能够拥有解开枷锁的时候,你就是幸福的。

如果你现在不幸福,你应该寻找出症结所在。如果现在的你身上有伤痕,那么应该让自己先疗好伤后再起程,才不会伤害了自己又伤害了他人。不害怕寂寞的人才可以得到永远的不寂寞,一个人的时候也要让自己感觉得自己是很幸福的。

幸福就是拥有梦想的人,他的生活有方向,他的前进有目的地,寻找一

个你爱的人,你相信自己的眼光,你有自己的辨别能力,你知道什么是你最想要的,什么是你能够舍弃的,你得到什么会满足,你失去什么可以不需遗憾,什么是你现在就可以得到的,什么是你费尽一生也不可能得到,放下虚幻,本着实在,你会活得更轻松快乐。或许你可以例一张表格,其中有你现在拥有的你却不是你需要的留之可有可无的,有你现在拥有的而且是你一定不能失去的,有你现在就可以拥有的你却毫不在乎的,得到它你不觉得快乐,但是失去它有的会让你后悔一辈子有的却只会遗憾一时。有你现在得不到的却是你一直渴望得到的,有一些离得好远你可能一生也永远得不到,有一些离得很近你只要一下脚跟就可以得到,那么,这个时候或许你就明白你现在正在做的是什么了,为什么会不幸福,是你不珍惜你一直最在乎的,还是你一直在追求那些不可能的。

拥有一颗知足感恩的心的人都是幸福的,当你想着不是所有的得到都是理所当然的上天应该赐予时你会感觉到现在的你很幸福。幸福属于宽容的人!幸福属于勇敢的人!幸福属于那些受到挫折后会总结经验不再犯同一种错误的人!幸福属于拥有了伤口却又可以平复自己心灵伤痕的人!幸福不属于那些一挫不起的人,幸福不属于那些总是把难过的过去提起不善于遗忘痛苦的人,幸福不属于那些总是不善于转化痛苦为奋斗努力的人,幸福不属于总是担忧未来不善于把握现在的人,幸福不会属于总是站在原地的不合群的人!幸福的人,善于聆听,善于感悟,善于改进。

心灵悄悄话
XIN LING QIAO QIAO HUA >>>

爱一个人不一定可以拥有他,喜欢一件东西不一定可以得到它,远距离的欣赏有时也是一种浪美的状态。拥有朋友还能拥有知己,拥有父母的关爱还有孩子对你的依恋,我们真的浪幸福!

第八篇 >>>

背起做人的尊严

　　事实证明,生活是个势利眼,他眼里只有高高在上的人,要想让他瞧得起,你就得直起腰板做人。

　　成熟的种子总是将头颅朝向大地,我们也因为敬畏命运而深深低下我们的头。但低头的时候别忘记,我们的身后还背着做人的尊严,沉甸甸的尊严,人生有着许多事儿,需要我们低头,但请你切记,无论多么难都不要弯腰!那才是我们最重要的东西,一旦在低头的时候连腰也弯下了,我们将无力背起做人的尊严。把腰挺起来,告诉全世界:我们可以低头,但不能弯腰。

成熟的种子都是头朝下

人生有着许多事儿,需要我们低头,但请你切记,无论多么难都不要弯腰!

低头是为了不碰头,不摔跟头,低头做人,低头处世,把自己的锋芒收敛起来,是为了避免生活中的麻烦,但低头超过了底线,连腰也弯下去,那就失去了做人的尊严。

瞧,成熟的种子都是头朝下,我们人类也一样,也会因为生活的所迫,有时不得不低下我们的头,但低头的时候千万别忘记,我们的身后还背着做人的尊严,沉甸甸的尊严,那才是我们最重要的东西。

人,千万不要太过势利,莫要把别人的忍耐当作愚蠢,莫要把别人的退让当作懦弱,莫要把别人的谨慎当作弱智,要知道他们并不是真正的傻子。

苗家人房屋的建筑最有特点,一个不大的屋子里面可以有几十个房檐和门槛。平日里,苗寨里的乡亲们就背着沉甸甸的大背篓从外面穿过这些房檐和门槛走进来。令我不明白的是,虽然有这么多的障碍,可从来没看见他们当中有人因此撞到房檐或者是被门槛绊倒。要知道,对于一个外乡人来说,即使是空手走在这样的屋子里也会经常碰头,摔跟头的,何况,他们的身后还背着那么重的背篓。

低头是为了避开上面的障碍,看清楚脚下的门槛。而不弯腰则是为了有足够的力气承担起身上的背篓。听完老人家的话,我陷入了沉思。可以低头,但不能弯腰。我们对生活的态度,不也正应该如此吗?苗家的房舍不正像我们的生活吗?一路上充满了房檐和门槛,一个不大的空间里到处都是磕磕绊绊。而我们肩膀上那个大背篓里装满了我们做人的尊严。背负着尊严走在高低不同、起伏不定的道路上,我们必须时刻提防四周的危险。为了不磕头,不摔跟头,我们开始学会了低头——低头做人,低头处世,把自己的锋芒收敛起来,小心翼翼低头走路。

自责——莫待无花空折枝

我们生命里的房檐和门槛太多太多了。从很小的时候，我们就不断地碰头，摔跟头。后来，我们长大了，父母告诉我们做人一定要低头，遇人遇事先要低三分头，处处忍让。为的只是少一些麻烦，少一点伤痛。可我们忘记了，我们的背后还有一个背篓，一个装满做人尊严的背篓。在我们不断低头的过程中，我们身后的尊严已经摇摆不定了。一旦低头超过了底线，连腰也弯下来，那么我们如何还能背起做人的尊严，生活的尊严？

事实证明，生活是个势利眼，他眼里只有高高在上的人，要想让他瞧得起，你就得直起腰板做人。成熟的种子总是将头颅朝向大地，我们也因为敬畏命运而深深低下我们的头。但低头的时候别忘记，我们的身后还背着做人的尊严，沉甸甸的尊严，那才是我们最重要的东西，一旦在低头的时候连腰也弯下了，我们将无力背起做人的尊严。把腰挺起来，告诉全世界：我们可以低头，但不能弯腰。

一只四处漂泊的老鼠在佛塔顶上安了家。

佛塔里的生活实在是幸福极了，它既可以在各层之间随意穿越，又可以享受到丰富的供品。它甚至还享有别人所无法想象的特权，那些不为人知的秘籍，它可以随意咀嚼；人们不敢正视的佛像，它可以自由休闲，兴起之时，甚至还可以在佛像头上留些排泄物。每当善男信女们烧香叩头的时候，这只老鼠总是看着那令人陶醉的烟气，慢慢升起，它猛抽着鼻子，心中暗笑："可笑的人类，膝盖竟然这样柔软，说跪就跪下了！"

有一天，一只饿极了的野猫闯了进来，它一把将老鼠抓住。

"你不能吃我！你应该向我跪拜！我代表着佛！"这位高贵的俘虏抗议道。"人们向你跪拜，只是因为你所占的位置，不是因为你！"

野猫讥讽道，然后，它像掰开一个汉堡包那样把老鼠掰成了两半。

心灵悄悄话
XIN LING QIAO QIAO HUA >>>

不因穷困潦倒而自卑；向他人乞哀告怜，而是靠自己的双手去换取应得的酬劳，只有这样，才觉得舒心、踏实。一个懂得尊严的人就等于拥有了一笔巨大的财富。

做最好的自己

学会拿得起,懂得放得下,生活就是个选择的过程

1. 放下压力,累与不累,取决于自己的心态

心灵的房间,不打扫就会落满灰尘。蒙尘的心,会变得灰色和迷茫。我们每天都要经历很多事情,开心的和不开心的,都在心里安家落户。心里的事情一多,就会变得杂乱无序,然后心也跟着乱起来。有些痛苦的情绪和不愉快的记忆,如果充斥在心里,就会使人萎靡不振。所以,扫地除尘,能够使黯然的心变得亮堂;把事情理清楚,才能告别烦乱;把一些无谓的痛苦扔掉,快乐就有了更多更大的空间。

纠结于不快乐的理由,忽视快乐的理由,就是你总是觉得憋屈难受的原因了。

2. 放下烦恼,快乐其实很简单

所谓练习微笑,不是机械地挪动你的面部表情,而是努力地改变你的心态,调节你的心情。学会平静地接受现实,学会对自己说顺其自然,学会坦然地面对逆境和厄运,学会积极地看待人生,学会凡事都往好处去想。这样,阳光就会流进心里来,驱走恐惧,驱走黑暗,驱走所有的阴霾。

快乐其实很简单,不要觉得自己不快乐就可以了。

3. 放下自卑,把自卑从你的字典里删去

不是每个人都可以成为伟人,但每个人都可以成为内心强大的人。内心的强大,能够稀释一切痛苦和哀愁;内心的强大,能够有效弥补你外在的不足;内心的强大,能够让你无所畏惧地走在大路上,感到自己的思想,高过所有的建筑和山峰!

相信自己,找准自己的位置,你同样可以拥有一个有价值的人生。

4. 放下懒惰,奋斗改变命运

不要一味地羡慕人家的绝活,通过恒久的努力,你也完全可以拥有。因

为,把一个简单的动作练到出神入化,就是绝招;把一件平凡的小事做到炉火纯青,就是绝活。

提醒自己,记住自己的提醒,上进的你,快乐的你,健康的你,善良的你,一定会有一个灿烂的人生。

5. 放下消极,绝望向左,希望向右

如果你想成为一个成功的人,那么,请为最好的自己加油吧,让积极打败消极,让高尚打败鄙陋,让真诚打败虚伪,让宽容打败褊狭,让快乐打败忧郁,让勤奋打败懒惰,让坚强打败脆弱,让伟岸打败猥琐……只要你愿意,你完全可以一辈子都做最好的自己。

没有谁能够左右胜负,除了你。自己的战争,你就是运筹帷幄的将军!

不是所有的梦想都能成为美好的现实,但美丽的梦想同样可以装点出生活的美丽。

6. 放下抱怨,与其抱怨,不如努力

所有的失败都是为成功做准备。抱怨和泄气,只能阻碍成功向自己走来的步伐。放下抱怨,心平气和地接受失败,无疑是智者的姿态。

抱怨无法改变现状,拼搏才能带来希望。真的金子,只要自己不把自己埋没,只要一心想着闪光,就总有闪光的那一天。

纵观古今中外,很多人生的奇迹,都是那些最初拿了一手坏牌的人创造的。

不要总是烦恼生活。不要总以为生活辜负了你什么,其实,你跟别人拥有的一样多。

7. 放下犹豫,立即行动,成功无限

认准了的事情,不要优柔寡断;选准了一个方向,就只管上路,不要回头。机遇就像闪电,只有快速果断才能将它捕获。

立即行动是所有成功人士共同的特质。如果你有什么好的想法,那就立即行动吧;如果你遇到了一个好的机遇,那就立即抓住吧。立即行动,成功无限!

有些人是必须忘记的,有些事是用来反省的,有些东西是不能不清理的。该放手时就放手,你才可以腾出手来,抓住原本属于你的快乐和幸福!

有些事情是不能等待的,一时的犹豫,留下的将是永远的遗憾!

8. 放下狭隘,心宽,天地就宽

　　宽容是一种美德。宽容别人，其实也是给自己的心灵让路。只有在宽容的世界里，人才能奏出和谐的生命之歌！

　　要想没有偏见，就要创造一个宽容的社会。要想根除偏见，就要首先根除狭隘的思想。只有远离偏见，才有人与内心的和谐，人与人的和谐，人与社会的和谐。

心灵悄悄话
XIN LING QIAO QIAO HUA >>>

　　我们不但要自己快乐，还要把自己的快乐分享给朋友、家人甚至素不相识的陌生人。因为分享快乐本身就是一种快乐，一种更高境界的快乐。

时刻为别人着想不是坏事

人，都是哭着来到的人间，每个人从来到尘寰到升入天堂，整个生命的历程都是一本书，至于写得好写得坏、写得厚写得薄、写得精彩还是写得平庸，全看自己如何下笔，别人是无法代替的。

一个人的生命是短暂的，只有昨天、今天和明天；我们就应该把握今天，做好今天该做的事情；在回味昨天的时候，就不会留下悔恨；展望明天，怀揣梦想，有了梦想，就有了希望，就有了灿烂的阳光，时光就不会虚度，心也不会彷徨，内心也会充满了无限的力量，那一幅幅美景也会驻留在人生的道路上，回眸时，心中无比欢畅！

予人玫瑰，手留余香，人生应懂得取舍，拥有海一样的胸怀，就会拥有一片晴朗的天空，就能够正确地看待自身与他人的差别；既不会自轻自贱，崇拜英雄和偶像，把任何人都看得比自己优越，对自己产生自卑；也不会盲目自信，无谓地贬低他人，更不会因别人的权力、财富、地位而愤愤不平，愿意以自己的实力战胜对手，而不是因对手的缺陷使自己获胜；没有时间幸灾乐祸，没有时间评论别人，只是忙于自己追求的事业，不会计较在每件事情上是否公平，只愿自己的内心快活与充实。

有心能知，有情能爱，有缘能聚，有梦能圆，无论在生活中，还是在网上，每个人都有自己的择友标准，以诚感人者，人亦诚而应；有了相知的缘分，就渴望文字的交流，随着友情的加深，渐而成为知己，结下天长地久的友情，苦乐同行，风雨同舟；有了友情的牵挂，人生就不感觉孤单，内心的情感也会变得丰富，虽然有时情到深处，成为一种心的默契，无奈难舍的那份牵挂会让你流泪，但内心中是一种幸福，也是一种驻留在心底的美丽，把这种美丽作为一种一生寻求的梦，也许有一天这个梦就能变成现实。

人有个好的心态，才能享受人生，人生在世，往往都是在坎坷中求生存，在平凡中绘美景，无论在生活中，还是在网上，都应该有个好心情，好的心境

对健康很有好处；正确对待发生的一切，正确认识自己，把宁静作为自己的一种常态，在生活中默默地做自己喜欢并感兴趣做的事情，让自己感到生活的充实，在工作中保证质量地完成自己的本职工作，不求有功，只求无过，淡泊名利，平衡得失！

为别人着想意味着给你插上一对翅膀，因为你把自己的快乐带给了别人，与人同乐，快乐就倍增；同时你也真正了解别人痛苦，与他分担，就会给人减轻痛苦；常怀感恩之心，成人之美，时时感到自身的一种责任，对家庭、对社会、对朋友，那么你就会总是感到得到的太多，而自己做得太少，就会以自己的热情去做好每一件事情，这种热情会感染他人，就会聚集很多同路人。

人的一生，岂能尽如人意，但求无愧我心，不为积习所蔽，不为时尚所惑，俯仰无愧天地，褒贬自有春秋，让我们拥抱美好的生活，珍视健康，注重生命的质量，拥有一个无怨无悔、五彩缤纷的人生。

日本国有一位禅师，法号白隐。他修行高深，生活纯净，声名远扬，深受百姓的敬仰与称赞。白隐禅师所在的寺院附近住着一户人家，家里有一个非常漂亮的女儿。

忽然有一天，夫妻俩发现女儿的肚子大了起来，这使他们非常的生气，好端端一个黄花闺女，竟做出这种见不得人的事。起初，无论父母怎么追问，她都不肯说出那个男人是谁，后来，在父母的威逼下，她终于说出了"白隐"两个字。她的父母迫不及待，气势汹汹地找到了白隐，狠狠地将白隐禅师痛骂了一顿。

可是，白隐并没有生气，只是若无其事地说道："就是这样吗！"等孩子出生后，她的父母就将孩子交给了白隐。这件事给他造成了很坏的影响，几乎使他名声扫地，但他并没有因此放弃孩子，而是非常细心地照顾孩子，四处乞求婴儿所需的奶水和其他用品，在遭到别人的白眼和羞辱时，他总是泰然处之。

时光流逝，在白隐禅师的精心呵护下，孩子一天天地长大了。看见可爱而又可怜的宝宝，这位孩子的妈妈再也忍受不了良心的谴责，她终于向自己的父母说出了事情的真相。原来孩子的生父是一位年轻的卡车司机。

此刻，她的父母一想起当初对待白隐禅师的那种态度，就觉得非常羞愧

不安。于是,他们一家人便匆匆赶到寺院向白隐禅师道歉,请求他的原谅,并要求带走孩子,为他挽回声誉。

白隐禅师还是像当初那样,不急不火,淡然如水,更没有趁机训诉他们。他只是在交还孩子时轻声说道:"就是这样吗!"仿佛不曾发生过什么。即使有过,那也像一阵云烟早已随风而去。

心灵悄悄话
XIN LING QIAO QIAO HUA >>>

其实,为人处事,只要心存善念,胸怀坦荡,宽厚待人,一切的矛盾就化解了,人际就和谐了,所有的不如意都会变得顺耳、顺眼、顺心。快乐会永远环绕在你的周围。

做人的极致是平淡

有位哲人说过:做人的极致是平淡。

做人需要我们穷尽一生的时间来学。在我们成长的路上或是人生任何的时刻,都需要不断地去校正自己的言行,让自己以善美的心姿融入生活的舞台上,赢得社会、生活、他人的信赖。

从我们来到这个世上的那一刻起,我们就已经用纯净的心灵来感受父母的言传身教,耳濡目染种种关于人的行为。当然父母的教育是最好的榜样,是他们把做人的善良、宽容与对生活的爱,一点点的浸染了我们全部的身心;直至上了学,又得到老师们关于做人更深层次的教育,让我们读懂了做人的道理,处事的哲学。这一阶段对我们整个的人生都大有裨益,因为知识让我们有了做人的资本、和识别行为的能力,也让我们懂得了什么是人生。

人生的目标与做人相互结合在一起才有了美好的希望。当我们参加了工作,真正走上了社会,耳闻目睹了人的全部生活本真。处人与立世其实并不简单,仅仅以自己一颗善良的心去温暖他人,其实也不尽然。因为美与丑共存,假与真并在,这时地做人真的很无奈,人的自私的一面,齐齐都会展露在你的面前。太多的时候不得不让我们为了生存左右逢迎而变得世故精练、圆滑,其实这才是做人生存中为了适应生活、社会的无奈之举。

有时候,做人也让我们颇费思量,诚如哲人所言,做人的极致是平淡,但真正能做到这一点的又有几人,因为人的欲望、道德、修养、自身素质的不同,人也不尽相同。为此人以群聚,物以类分,就很能代表这一点。

生活需要我们不断地去学会做人,但做人有时候却让我们在生活中永远也读不懂它。这就要我们一生都要学做人,并且仍是要做到善良与平淡才是最真。

大千世界,形形色色的人生,都是在平淡中填满自己的行囊,让行囊饱

含着深情与真情。不论生活的坎坷,生活的苦难,我们何不从容地生活,如溪水静静地流淌;淡定地生活,如花开花落的悠闲。

岁月如河,人生如梦,当走过一程又一程的时候,也许你收获的是鲜花与掌声,当走过葱茏岁月时,也许你心里装得最多的是回忆,当你漫步在街头的时候,被眼前的繁华迷失了双眼。当浮生一梦明白时,回头望过去,过去的一切都是寂静背后给人带来了无尽的思索与感悟。

如果说人身处闹市,听惯了杂音,这声音繁扰身心;如果说人身处在一个相对封闭的场地,让我们的心不知何处安放? 在这种情况下,是否在寻找心里的那份坦然与执着,这种坦然与执着是否是与时俱来,与梦并存。找寻繁华,找寻心里的梦呓。

繁华落尽,浅落迷茫,世事轮回让人在不知不觉中明白了许多,也懂得许多。

有人说生活是堵墙,无法逾越,有人说生活是条绳,给人带来了不少的纠结:有人说生活是本书,每个人都在书里写着不同的人生轨迹,有人说生活不简单,却能从不简单转化为简单。

人活一世,看似简单的事情却没有那么简单,经历过风雨后才知阳光明媚就在自己的脚下。把一切不愉快,一切不如意收入自己的囊中。忘却不愉快,重新开始,找寻平淡与真实的生活。

因为生活简单了,你就会快乐,因为生活快乐,日子就会平静如水;人活一世,总要面对这样或那样不简单的生活,面对遇到这样或那样的困境,人的耐力是有限的。

世间轮回,世间沧桑,沧桑巨变,无功而返,有时人跌倒却是因为利益而生妒,因妒生恨,最终埋藏了这尘世苦短的沧桑。人生几何,几何人生?

人生如梦,都想过着简单而又快乐的生活。也许生活不简单,但生活却是真实而存在的。追求梦想,实现梦想,让梦想成为最终的归宿,也让自己有可炫耀的资本。也许梦想不简单,通过自己的努力就会实现。

不追求权,不追求势,不追求利,不追求名,寻找一种人生的真实,寻找一种人生的真谛,就是一种真实的人生,也是在找真实的自我。

平淡是真。平淡是人生之真味,回归平淡,方究人生之真境,细参眼、耳、鼻、舌、身、意。

平淡是白开水,品尝之时无味,平淡之中却见真情真意,平淡之中是一

种另类的幸福所归。

关爱他人,关爱自己,让生命灿烂如飞花,一路缤纷。握手、挥手、微笑,让最美的那一刻永存记忆,如沐星光。

苏东坡在最落难的时候,在岸边写下"大江东去,浪淘尽",写了最好的诗句出来。受到皇帝赏识时,他的书法漂亮、工整、华丽,而且得意。因为他是一个才子,才子总是很得意的。但是他从来没有想过,他让很多人受过伤。他得意的时候,很多人恨得要死,别人没有他的才气,当然要恨他。但是他落难写的书法,这么笨、这么拙,歪歪倒倒无所谓,却变成中国书法的极品。

此时苦味出来了,他开始知道生命的苦味,并不是你年轻时得意忘形的样子,而是在这么卑屈、所有的朋友都不敢见你的时候,在河边写出最美的诗句。

他原来是一个翰林大学士,但因为政治,朋友都避得远远的。当时他的朋友马梦得,不怕政治上受连累,帮苏轼夫妇申请了一块荒芜的旧营地使用,所以苏轼就改名叫苏东坡。

苏轼变成了苏东坡后,他觉得丑都可以是美。他开始欣赏不同的东西,他那时候跑到黄州的夜市喝点酒,碰到一身刺青的壮汉,那个人把他打在地上说:"什么东西,你敢碰我!你不知道我在这里混得怎样?"他不知道这个人是苏东坡,然后倒在地上的苏东坡,忽然就笑起来,回家写了封信给马梦得说:"自喜渐不为人知。"他是才子,全天下都要认识他,然而他常常不给人好脸色,可是落难之后,他的生命开始有另外一种包容,有另外一种力量。

心灵悄悄话
XIN LING QIAO QIAO HUA >>>

人活一世,看似简单的事情却没有那么简单,经历过风雨后才知阳光明媚就在自己的脚下。把一切不愉快,一切不如意收入自己的囊中。忘却不愉快,重新开始,找寻平淡与真实的生活。

人的价值是由自己决定的

人的生命,似洪水奔流,不遇着岛屿和暗礁,难以激起美丽的浪花。现实是此岸,理想是彼岸,中间隔着湍急的河流,行动则是架在河上的桥梁。人的价值是由自己决定的。燧石受到的敲打越厉害,发出的光就越灿烂。正如恶劣的品质可以在幸运中暴露一样,最美好的品质也是在厄运中被显示的。

人生的最终价值在于觉醒和思考的能力,而不只在于生存。人生是各种不同的变故、循环不已的痛苦和欢乐组成的。那种永远不变的蓝天只存在于心灵之间,向现实的人生去要求未免是奢侈的。勤劳远比黄金可贵。希望是附之于存在的,有存在,便有希望,有希望,便是光明。人间没有永恒的夜晚;世界没有永恒的冬天。过去属于死神,未来属于自己。冬天已经到来,春天还会远吗?假如生活欺骗了你,不要忧郁,也不要愤慨!不顺心的时候暂且容忍吧:相信吧,快乐的日子很快就会到来。宿命论是那些缺乏意志力的弱者的借口。

世界上有两种人,一种人,虚度年华;另一种人,过着有意义的生活。在第一种人眼里,生活就像一场睡眠,如果在他看来,是睡在既温暖又柔和的床铺上,那他便十分心满意足了;在第二种人眼里,可以说,生活就是建立功绩,人就在完成这个功绩中享到自己的幸福。

他是一位天才的书法家,9岁时参加日本青少年书法展,就在东京掀起一股旋风。四幅作品,全部被私人收藏,总价值1400万日元。当时,日本最著名的书法家小田村夫曾这么预言,在日本未来的书坛上,必将会升起一颗璀璨的新星。

20年过去了。一些寂寂无闻的人脱颖而出,而他却销声匿迹了。是谁断送了这位天才的前程?2002年九州岛樱花节,小田村夫专门拜访这位小

时候名震四岛的天才,在看了那位天才书法家的作品之后,仰天长叹,说了
这么一句话:"右军啊! 你毁了多少神童。"

右军是谁? 右军是王羲之,一千六百年前的中国大书法家。小田村夫
为什么说是这位书法大家毁了他们的神童呢? 原来这位小神童临摹王羲之
的书帖成瘾,经过20年的苦练,把自己的书法个性磨得一点都没有了。现在
他的字与王羲之的比较起来,几乎能够达到乱真的程度,可是自己的东西
呢,一丝都找不到。在鉴赏家眼里,他的书法已不再是艺术,而是令人厌恶
的仿制品。

一个天才因模仿另一个天才而成了庸才,这不是书法世界里独有的现
象,它存在于人类社会的各个行业。现在政治、经济、文化乃至江湖领域,大
师级的人物之所以寥若晨星,我想绝不是因为在这些领域中天生的庸才太
多,而是有太多的天才因模仿成了庸才。

心灵悄悄话
XIN LING QIAO QIAO HUA >>>

千万不要丢失自己的个性,那是一个人唯一真正有价值的地方。综观
古今,凡是成就了一番事业的人,都是坚持自己的个性和特色,敢于从流俗
和惯例中出列的人。

人生就要输得起

人生是一条漫长的旅途。有平坦的大道,也有崎岖的小路;有灿烂的鲜花,也有密布的荆棘。在这旅途上每个人都会遭受挫折,而我始终认为生命的价值就是坚强的闯过挫折,冲出坎坷! 你跌倒了,不要乞求别人把你扶起;你失去了,不要乞求别人替你找回。

对于输,大家各有不同的看法,而我认为所谓输,就是人生中遇到的挫折,要知道,这是在所难免的! 只在那迷惘失落而又无所为的日子里,不知你有没有看到,在阴霾下挺立的苍松翠柏,在死一般的黑夜路闪烁的星辉;不知你有没有想过,坚定的信念能把失败超越。

输了,并不意味着你比别人差;输了,也不意味着你永远不会成功;输了,更不意味着你到了人生的终点。聪明的人告诉你,失败的终点往往是成功起点。只要你敢于正视失败,敢于拼搏,你一定会采摘到成功的鲜花——那朵远在天边的奇葩。人生就像奔流的大海,没有岛屿和暗礁,就难以激起美丽的浪花。输了,把失败作为动力! 年轻人应有宽广的胸怀,千万不要去计较那微不足道的创伤。

即使生活有一千个理由让你哭泣,你也要拿出一万个理由笑对人生。"不管风吹雨打,胜似闲庭信步。"只有这样才能保持一个平衡的心态,才能凭着自己破釜沉舟的斗志风雨兼程,才能凭着"可上九天揽明月,可下五洋捉鳖"的豪情勇往直前。

无论顺境还是逆境,都要从容面对;无论获得还是失去,都要平静地接受。我想这才是我们青年人的活法。我认为路就在脚下,不管过去多么暗淡,不管未来多么辉繁,一切的过去都以现在为归宿,一切的未来都以现在为起点!

输并不可怕,为了追寻自己的理想,我们要飞翔,去接受风雨的洗礼;为了实现人生的夙愿,我们要飞翔,去迎接春风和朝阳。虽然我们并不坚强的

翅膀也许会受伤,但我们一定要飞向远方。青春像一团燃烧的烈火,一轮滚烫的红日,让我们携手并肩,用青春描绘新世纪的风采,去感悟人生的真谛,谱写生命的乐章!

那年秋天,满怀心事的他在铺满落叶的麻省理工校园里踱步。他是怀揣着理想来求学的,但文化的隔阂使得他害怕自己无法以优异的成绩毕业。

忽然,他发现一群人在热烈地讨论着什么。原来,一个送快餐的大胡子男人看到一辆新出产的轿车之后忍不住评价了几句。由于他说得非常专业,轿车主人和他热情地攀谈起来,并吸引了不少行人。

大家好奇地问他为什么懂得这么多,他告诉大家,他以前是一家汽车公司的老板,因为经济不景气,企业破产了。为了养家糊口,他干脆送起了快餐。围观的人们感叹着,大胡子却丝毫没有沮丧的神情,反而笑着说道:“没什么输不起的! 不开汽车公司,我也照样能养活一家人。”

这些话在他心中掀起了阵阵波澜:的确,这世上根本就没什么绝境,自己也没什么是输不起的!

没有了心理负担的他耐心地钻研着专业知识,很快就取得了一系列令人瞩目的研究成果。

他就是后来被誉为“中国航天之父”的科学泰斗钱学森。

人生就是一场旅行,在人生的尽头,每个人都将一无所有,那你还有什么是输不起的?

心灵悄悄话
XIN LING QIAO QIAO HUA >>>

生命本身是一个过程,而成功和失败不过是过程中的一个小小的片段。就像是人在旅途中,车辆或者轮船只不过是达到风景区的一个手段,总不能因为某一辆车的抛锚而停止自己前行的脚步吧?

第九篇 >>>

不要向这个世界认输

　　在人生的道路上，我们一路走，一路迷失。渐渐的学会了不管走向哪里，在天堂抑或是在地狱，顺心还是不顺心，自己都会用虔诚的心情全力以赴。把郁闷和痛苦都当成生活的一部分。即使是在绝对悲剧中，只要决心寻找快乐，就一定找得到。做人也不能一遇到困难就想寻求帮助，一遇到不如意就抱怨上天，要学会自力更生，学会生产自救。朋友可能背叛，爱人可能摇摆，就连最值得信任的亲人，也终有一天会驾鹤西去、撒手人寰。谁都不能完全依赖，什么事都要学会靠自己啊！

找到走下去的理由

爱因斯坦在上小学的时候,是一个很笨的学生——至少他的老师是这样认为的。

一天放学的时候,老师布置的作业是每个人做一件劳动作品,明天交给她。

第二天,同学们都带来了自己的劳动作品,有文具盒,有布娃娃,还有很多漂亮的玩具。当爱因斯坦将自己的劳动作品——一只丑陋而又拙劣的小泥板凳交给老师的时候,教室里响起了阵阵嘲笑声。

"哦,上帝,你说世界上还有比这更难看的东西吗?"老师带着嘲弄大声责问爱因斯坦。

"有。"爱因斯坦从身后拿出两只更丑陋的小泥板凳。"这只是第一次做的;这是第二次做的,刚才交上去的是第三次做的,虽然不好看,但是它比这两只要好的很多。"

教室里,立刻安静下来了。

成功,就是不断地超越自己;自信,就是勇敢地面对自己的不足,自我辩解、夸夸其谈只能让自己停滞不前,每天进步一点点,终将达到辉煌的顶峰。

失败是一根绳子,有的人用来继续攀爬更高更陡的山峰,有的人把它当作了自缢的工具。

面对失败这根绳子,很多人都明白,该把它当作攀爬的工具,事实上很多人也做到了,所以就有了"失败是成功之母"的安慰;可是也有那么一些人,硬是把失败当作了离开这个世界的通道——"不是我不想活,是我已经没有了退路"。

说实在的,当生命和成功或者失败联系在一起的时候,这个生命已经失去了生命该有的意义。

自责——莫待无花空折枝

生命本身是一个过程,而成功和失败不过是过程中的一个小小的片段。就像是人在旅途中,车辆或者轮船只不过是达到风景区的一个手段,总不能因为某一辆车的抛锚而停止自己前行的脚步吧?

人生路真的很长的,偶尔的挫败也只能证明你在某一方面的不足,那是不能证明你全部不行的。而谁能证明你行或者不行?什么"领导说行不行也行"的说法,只不过世俗的人们对自己的一种虚无的否认——我们的一生可不会只跟一个领导到白头吧?即使跟着这领导到退休,可退休剩下的余生还是我们自己的啊?凭什么领导说了算?凭什么就因为某一个人的否认而否认我们的一生?

因此,把失败当作结束生命的理由的人,除了证明了他的懦弱和愚蠢之外还能证明什么?

当然了,不是所有的自杀者都是因为失败。比如屈原之类的。看起来,他是死于他的失败。他没能阻止楚国被并吞的命运。他未能实现自己的理想。

但是,作为我个人的理解,他是死于对前景的恐慌。国破了,山河易主了,屈大夫就要沦为阶下囚了。他一个人的荣誉倒不是最重要的,重要的是他赖于呼吸的空气被抽干了——除了为楚国效力,他似乎已经找不到别的生存的理由。

找不到活着的理由比找到死的理由要难得多。

找死可以有很多借口,可是要让人活着有一个理由就太难了。所以,很多人选择了死。

心灵悄悄话
XIN LING QIAO QIAO HUA >>>

一个人死和不死其实都是跟失败无关的。失败不过是个替死鬼。它的出现刚好被不想活的人找到了一个死的理由……

坦然面对人生的无奈

在纽约市中心办公大楼里有一个开货梯的人,与别人不同的是,他的左手齐腕被砍断了。一天,有人问他少了那只手会不会觉得难过,他说:"不会,我根本就不会想到它。只有在要穿针引线的时候,才会想起这件事情来。"

我们确实生活得艰难,不仅要承受种种外部的压力,更要面对自己内心的困惑。在苦苦挣扎中,如果有人向你投以理解的目光,你会感到一种生命的暖意。或许仅有短暂的一瞥,就足以使你感激不已。但是在乞求别人投给你理解目光的同时也要学会去理解他人,一切都是双方面的,没有付出,又何来给予呢。

在漫长的岁月中,你一定会碰到一些令人不愉快的情况,它们既然是这样,就不可能是那样。

因此,要乐于接受必然发生的情况,接受所发生的事实,这是克服随之而来的任何不幸的第一步。唯有学会坦然面对失败和痛苦才能拥有真正的幸福,让生命中无可避免地困境、失败、障碍、疾病与痛苦都转变成创造成功、奇迹与完美的力量。

很显然,环境本身并不能使我们快乐或不快乐,我们对周遭环境的反应才能决定我们的感受。必要的时候,我们都能忍受得住灾难和悲剧,甚至战胜它们。我们也许以为自己办不到,但我们内在的力量却坚强得惊人,只要肯加以利用,就能帮助我们克服一切。

但这并不是说,在碰到任何挫折的时候,都应该极力忍耐接受,那样就成为宿命论者了。不论哪一种情况,只要还有一点挽救的机会,我们就要奋斗。可是普通常识告诉我们,当事情是不可避免的——也不可能再有任何转机时——为了保持我们的理智,就请不要再"左顾右盼,无事自忧"了。

自责——莫待无花空折枝

没有人能有足够的情感和精力,既抗拒不可避免的事实,又能利用这些情感和精力去创造新的生活。你只能在这两者中间选择其一,你可以面对生活中那些不可避免的暴风雨,弯下自己的身子,你也可以自不量力地去抵抗而被摧折。

在人生的道路上,我们一路走,一路迷失。渐渐地学会了不管走向哪里,在天堂抑或是在地狱,顺心还是不顺心,自己都会用虔诚的心情全力以赴。做人不能总往坏的方面想吧,其实如果我们把郁闷和痛苦都当成生活的一部分的话,就不会老觉得上天的不公和生活的不幸了。即使是在绝对悲剧中,只要决心寻找快乐,就一定找得到。做人也不能一遇到困难就想寻求帮助,一遇到不如意就抱怨上天,要学会自力更生,学会生产自救。朋友可能背叛,爱人可能摇摆,就连最值得信任的亲人,也终有一天会驾鹤西去、撒手人寰。谁都不能完全依赖,什么事都要学会靠自己啊。

白昼之月,顾名思义,就是白天的月亮。在白天,我们虽然看不到月亮,但她却是确确实实地存在。而人内心的伤,就像白昼之月一样,表面上似乎没事,其实内心的伤却很深很深,仿佛永远无法填平。但人不能总把过去或是现在的伤痛与苦难挂在嘴边,说得难听点,这有点像祥林嫂似的无病呻吟,还不如阔达一点。有道是:"日出东海落西山,愁也一天,喜也一天;遇事不钻牛角尖,人也舒坦,心也舒坦。"快乐要有悲伤做伴,雨过应该就有天晴。如果雨后还是雨,如果忧伤之后还是忧伤,请让我们从容面对这悲伤之后的悲伤,苦难过后的苦难,微笑地去找寻一个全新的你吧!男人只能选择坚强。

其实能冲刷一切的除了眼泪,就是时间,以时间来推移感情,时间越长,冲突越淡,仿佛不断稀释的茶。不如就让一切随缘,让一切的阴云随风而逝。

心灵悄悄话
XIN LING QIAO QIAO HUA >>>

能在一切环境中保持宁静心态的人,都具有高贵的品格修养。我们要努力培养自己心理上的抗干扰能力,冷静地应对世间的千变万化。"任凭风浪起,稳坐钓鱼台"。这"台"就是宁静的心灵。

那些让我们前行的力量

一支登山队在攀登一座雪山。

这是一座分外险峻的山峰，稍有不慎，他们就会从上面摔下去，粉身碎骨。

突然，队长一脚踩空，向下坠落。

他想发出一声临死前的悲呼，但是只要他一出声，准会有人受到惊吓，攀爬不稳，再掉下去！他咬紧牙关，硬忍着不发出一点声音来。

就这样，他无声无息地落在了万丈冰谷里。

亲眼看见这一惨烈场面的只有一个队员。

本来，他是可以发出一声惊叫的，但是多年的经验使他明白，惊叫一声不仅不能救回队长，而且还会惊吓其他队员，给全队带来灾害。

他像没事人一样继续向上攀登，每登一步，眼泪都会掉下来，打在雪上，登顶后大家才发觉队长不在了，他把事情的真相说了出来。

大家什么都没有说。

这是世界上最优秀的一支登山队，因为它的队员能够坦然面对自己的死亡，也能坦然面对朋友的死亡。

他们不仅登上了自然的高峰，也登上了人性的高峰。

伴随着社会忙碌匆匆的脚步，人们的生活节奏也越来越快。我们为之负责的人和事也越来越多。于是辛苦和累便成了一些人嘴边的口头禅。甚至有人正在原地踏步奢侈的期盼着来自别人那摸不着、看不见的安慰和鼓励。是的，每一个生命都需要支撑、鼓励、安慰和呵护。但那都是莫须有的。人生之路还是要靠自己走的，不能依赖别人。即使再艰难，也要摸索着前行。

物欲横流的社会，纷繁复杂的环境，促成了有爱、有恨、更有战斗的人际

关系。亲人之间由于利益的纷争形同陌路。朋友之间由于金钱的诱惑落井下石。也许还会遇到失去亲人的痛苦,婚姻的不幸,高考落榜的无奈……或者是这样那样的压力、困惑与恐惧。

面对这突如其来的意外和变故,有的人被过多的欲望和琐事束缚住了手脚,迷蒙住了双眼,甚至患上了严重的心理障碍,正中了意外和变故的下怀。

也许我们永远没有机会见到这样的生命,但是他们让我们知道什么是人间大爱,什么是大道无形,什么是坚强。更让我们知道了我们所承受的磨难相比于他们的遭遇来说只是杯水与车薪,难道在这些人面前我们不应该做认真的思考吗?不应该学会坚强吗?

小草因为坚强,成了原野。

水滴因为坚强,汇成了海洋。

人生就是一把琴,只有生活的强者才能奏响生命的最强音。

其实我们所经历的磨难,只是上苍在生命的某一个路口设置的考验人意志的方式和手段,精英们在这里经过山重水复疑无路的千锤百炼,最终收获了欣喜与成功,而那些经受不了人生风雨庄严洗礼的人就会死在那里,碌碌无为将成为他们的碑文。让我们正确认识挫折与磨难,忘却人间的一切浮躁和烦恼。自强、自主、自立于人生的风雨之中。

学会坚强吧,坚强就是人生不倒的防线,更是生命不屈的脊梁。是一种一往无前的意志和精神,可以撑起整个生命,甚至整个世界。

心灵悄悄话
XIN LING QIAO QIAO HUA >>>

坚强使我们的前行更有力量。凭借它,不一定取得辉煌,但我们毕竟是在一步一步走向胜利。

世界不会因为你累了而停步

微笑着面对挫折和失败,不要抱怨生活给予你太多的磨难,哀叹命运不公,怨天尤人。

想一想,大海如果失去巨浪的翻滚,就会失去壮观的气势;沙漠如果失去飞沙的狂舞,就会失去它的内涵。把心胸敞开,让宽容和豁达回归,活出一种力量,相信会得到生活的眷顾和宠爱。

日本有一位企业老总,每天坚持写一篇"光明日记",里面记录的全是快乐的事情。他把每个月末召开的工作例会取名为"快乐例会",要求各部门经理用3分钟时间向大家汇报一下本月最快乐的事情,引得全场上下哈哈大笑,这位老总就是日本最大的零售集团"八百伴"公司总裁和田一夫。

"失败了也能笑出来",无论在什么情况下,哪怕是受到致命的打击,只要能像和田一夫那样,坚持"笑"下去,快乐地"笑"下去,那么,这生命中的阳光,终会催开人生成功的花朵。

遇到挫折,要学会积极的归因,然后对症下药,找到应对挫折的有效方法。

已故著名数学家陈省身,5岁考进了天津南开大学理学院。有一次上化学实验课,内容是"吹玻璃管"。陈省身对着手中的玻璃片和面前用来加热的火焰一筹莫展。后来在实验老师的帮助下,终算吹成了,但他觉得吹成的玻璃管太热,就用冷水去冲,瞬间玻璃管"喀嚓"全碎了,这件事对陈省身触动很大,他发现自己缺乏动手的能力,于是他做出了自己人生第一个至关重要的抉择——放弃物理、化学,专攻数学,多年后他成为蜚声海内外的中国数学家。

面对挫折要善于调控情绪,保持头脑冷静,进行合理归因。如果眼前困

难确实难以克服,就要放弃原有的目标,重新找准自己的位置。只要心怀坦荡,情绪乐观,发奋图强,功夫不负有心人,丑小鸭也会变成白天鹅的!

有这么一则寓言故事,有家猎户,院子里种了好多葡萄。有只狐狸,每次等猎户一出门,就来到葡萄架下,希望能吃到葡萄,因为葡萄架太高的原因,使得它每次都是乘兴而来,扫兴而归。有一天,狐狸一点东西还没吃,饿得饥肠辘辘,它又一次来葡萄架下,看到这一串串沉甸甸的熟里透紫的葡萄垂涎三尺!狐狸向后退了几步,憋足了劲,猛然跳了起来,可惜,还差那么多,几次下来狐狸实在跳不动了!

狐狸想:要是掉下一串葡萄就好了!它仰起脖子,等了好长时间,结果还是毫无希望。

"唉……"狐狸叹了口气。忽然,狐狸笑了起来,它安慰自己说:"那葡萄是生的,又酸又涩,一点也不好吃,送给我都不吃!"于是,狐狸饿着肚皮高高兴兴地回去了。

心理学家把狐狸吃不到葡萄说葡萄酸的故事叫作"酸葡萄心理"。"酸葡萄心理"是当自己的需求无法得到满足产生挫折感的时候,为了解除内心的不安,编造一些"理由"自我安慰,消除紧张,减轻压力,使自己从不满、不安等消极的心理状态中解脱出来。

像落榜考生就可以用酸葡萄心理安慰自己,即便是考上个本科甚至重点又怎样,修业的年限长,花费又高,不代表将来就能找到个好的工作。还不如上职业学校,修业年限短,花费少,职教的有些专业甚至用人单位抢不到手,成为香饽饽,就业前景看好。灵活调整既定的、可望而不可即的追求目标,创造出属于自己的一片天地。

面对挫折要有顽强的毅力和锲而不舍的精神。

有些人一遇到困难和挫折就放弃目标,其结果必然是一事无成。而意志坚定、有坚强信念的人,善于把前进道路上的绊脚石变成垫脚石,从而获得成功,实现生命的价值。

肯德基炸鸡连锁店的创始人桑德斯上校,65岁时还身无分文,孑然一身,靠拿救济金生活。当他心头浮上拥有一份人人都曾喜欢的炸鸡秘方,不

知餐馆要不要时,随即挨家挨户游说。他告诉每家餐馆,如果能采用这个秘方,相信生意一定能够提升,而我希望从增加的营业额中分成。很多人当面嘲笑他:"得了吧,老家伙,要是有这么好的秘方,你干嘛还穿着这么破旧的衣服?"这些话并没有让桑德斯上校打退堂鼓,他也从不为前一家餐馆的拒绝而懊恼,依然微笑地开着他那破旧的老爷车,以更加有效的方法说服下一家餐馆。到了第009次拒绝之后,终于听到了一声"同意"。

遇到困难和挫折时要学会自我疏导,将消极情绪转化为积极情绪,增添战胜挫折和失败的勇气,切不可坐守待毙。

心理学家曾做过这么一个实验:将一只小白鼠放进水池中,它会用自己的鼠须来判定自己所处的位置,一会儿,它就能游到岸边。后来,心理学家又将另一只被剪掉鼠须的小白鼠放入水池。这只小白鼠失去了鼠须这一"探测器",无法判定自己的方位,于是停止了一切努力,自行结束了生命。心理学家称这种死亡方式为"意念自杀",这实在令人叹息。生活中我们经常会遇到小白鼠所遭遇的"水池",于是放弃了拼搏的信念和满腔的壮志,将自己沉溺于原本很浅很窄的水池中。

在西方一些国家会创设挫折情景来培养孩子的耐挫力。在法国有一所"鲸鱼学校",这所学校有一项特殊的教育,让孩子们乘上帆船在一年之内两次横渡大西洋,游遍三个岛,孩子们除了要经受大风大浪的考验外,还必须忍饥挨饿。足球比赛中,会有一些黑心的裁判吹黑哨,令运动员的情绪波动极大,严重干扰运动员的正常发挥。因此,有些教练员在训练时,会故意吹黑哨,以培养其心理疏导的能力。

心灵悄悄话
XIN LING QIAO QIAO HUA >>>

生活中有痛苦和烦恼,要学会自我疏导和调节,向朋友或同学倾诉,一番宣泄后能缓解压抑的心情,减轻痛苦。当情绪不佳的时候,换一个能使自己心情好转的情景,将怒气和悲痛转化为动力,确立一个新目标,以更强的信心去追求。

失败只是更走近成功一步

一个年轻人，在大学四年级将要毕业时，突然查出得了严重的肺结核病。别人毕业离校，他只能在家养病。为了替他排忧解闷，哥哥就陪他下围棋玩。天长日久，兴趣渐浓。最后，他大学虽然未能毕业，却走上了棋弈之路。他就是邱百瑞先生。人们敬称他"邱百段"，因为他教的学生得到的段位加起来已超过"一百段"。

最近有位记者访问了一所名牌中学的7位高考单科状元，问他们在学习上有什么好的经验。虽回答各异，但有一个惊人的共同点是：他们都能从失败和错误中吸取营养，滋润成功。甚至有4人不约而同地拿出一个本子，封皮上工工整整地写着3个字：错题集。

原来他们把作业或考试中做错的题都收集在这个本子里了。他们先把做错的解答原封不动地抄下来，用铅笔标出错的地方；然后认真做一遍，把正确的解答写在错的下面；最后用简明的语言归纳出错误的类型和失败的原因。他们把这个过程叫作改正错题的"三部曲"。说来也怪，开头一两个月，要收入"错题集"的题目一个接一个，每天要花不少时间。半年以后，需要"登记"的错题就越来越少了。

失败是什么？没有什么，只是更走近成功一步；成功是什么？就是走过了所有通向失败的路，只剩下一条路，那就是成功的路。

让我们将事前的忧虑，换为事前的思考和计划吧！再长的路，一步步也能走完，再短的路，不迈开双脚也无法到达。任何业绩的质变都来自量变的积累。成功不是将来才有的，而是从决定去做的那一刻起，持续累积而成。一个有信念者所开发出的力量，大于99个只有兴趣者。做对的事情比把事情做对重要。每一发奋努力的背后，必有加倍的赏赐。人格的完善是本，财富的确立是末。没有一种不通过蔑视、忍受和奋斗就可以征服的命运。行

动是治愈恐惧的良药，而犹豫、拖延将不断滋养恐惧。人生伟业的建立，不在能知，乃在能行。任何的限制，都是从自己的内心开始的。含泪播种的人一定能含笑收获。欲望以提升热忱，毅力以磨平高山。一个能从别人的观念来看事情，能了解别人心灵活动的人永远不必为自己的前途担心。世上没有绝望的处境，只有对处境绝望的人。当你感到悲哀痛苦时，最好是去学些什么东西。学习会使你永远立于不败之地。世界上那些最容易的事情中，拖延时间最不费力。

人之所以能，是相信能。只有一条路不能选择—那就是放弃的路；只有一条路不能拒绝—那就是成长的路。人性最可怜的就是：我们总是梦想着天边的一座奇妙的玫瑰园，而不去欣赏今天就开在我们窗口的玫瑰。征服畏惧、建立自信的最快最确实的方法，就是去做你害怕的事，直到你获得成功的经验。一个人最大的破产是绝望，最大的资产是希望。不要等待机会，而要创造机会。如果寒暄只是打个招呼就了事的话，那与猴子的呼叫声有什么不同呢？事实上，正确的寒暄必须在短短一句话中明显地表露出你对他的关怀。昨晚多几分钟的准备，今天少几小时的麻烦。大多数人想要改造这个世界，但却罕有人想改造自己。积极的人在每一次忧患中都看到一个机会，而消极的人则在每个机会都看到某种忧患。莫找借口失败，只找理由成功。伟人之所以伟大，是因为他与别人共处逆境时，别人失去了信心，他却下决心实现自己的目标。

心灵悄悄话
XIN LING QIAO QIAO HUA >>>

失败的味道挺苦，包含其间的道理却是甜的。经营"失败"也是一种高明。关键是，你必须别出心裁，另辟蹊径。

路是选择出来的

人生只有方向,而没有一成不变的路。沿着这个方向,中间要经过许多不同的路,有平坦大道,也有羊肠小路,有的曲折,有的泥泞,甚至还有陷阱,有深渊。也许走到最后,我们都未必能实现心中的理想,但我们也不能因此坐等。只要走,就永远不会有绝路,真正能让我们绝望的,只有自己的心。

人们总喜欢四处寻找出路,其实,很多时候路就在我们的脚下,只是我们总喜欢将目光望向远处,不愿低下自己高贵的头颅。只要是路,就会有人去走。有的人在这条路上取得了成功,但不等于其他人不会遭遇失败。所以,结果如何,全看我们如何去走。

人生之路不是用眼睛来看的,它需要用心去感受。眼睛可以欺骗我们,也可以被一片小小的树叶遮住,心却永远不会。一个人的视线有距离限制,也受天气和周围环境的影响,而心的视线却可以是无限远。心有多宽,路就有多远。

我们都知道车到山前必有路,船到桥头自然直的道理,也相信山重水复疑无路,柳暗花明又一村的哲理。但当问题出来后,却沉浸在烦恼之中不能自拔。只要抽离事外,从另一个角度去看,才知道天无绝人之路。

人们总是试图去开辟一条新路,却不知道,新路与旧路本来就没有什么区别,只是沿途的风景有所不同而已,一样的充满坎坷,一样的泥泞崎岖。没有人走的路就是新路,实际上它也许存在了很多年;而走的人多了,再新的路也会很快成为一条旧路。所以,路无所谓新旧,也无所谓好坏,全在于自己的需要和选择。

最多人走的未必就是一条好路,很少人甚至没有人去走的也并非就是很差的路。就像真理最初时总是掌握在少数人的手里一样,很少有人能够认同别人的路比自己的更崎岖,到底应该走哪条路,又或者哪条路更适合自己,谁也不会预先知道。人就是在矛盾和迷惘中走完人生之路,最后却连一

个答案也得不到。

在人生的道路上,有很多的岔路,这时候的选择显得极为重要,人生的关键之处也就在选择之中,人的追求、梦想也反映在选择之中。人生就是这样,希望越大,失望便越大,不刻意去寻找,反而能得到意外的惊喜。对于我们来说,没有最好的路,只有最适合自己的路。即使再好的路,自己没有那个能力,迟早也会被别人远远地甩在身后。

路是人走出来的,但从来不是我辈凡人走出来的。所谓的新路只是对于我们个人而言,而对于其他人,也许就是一条曾经走过的旧路。任何尝试走出一条自己的路来的做法,也不过是在前人的脚印上做的一种选择。对于绝大多数人来说,路是选择出来的。

不同的路,沿途有着不同的风景,最终到达的目标自然也就不同。正因为如此,人在面临选择时,最难下的就是决心,这往往需要一定的运气。人生就是运气、选择、能力和勤奋的综合,运气是与生俱来的,能力则要靠后天的培养,这两者加起来决定我们的选择,而选择决定我们的命运。只有在拥有了运气,加上正确的选择,而本身又具有一定能力的情况下,勤奋才会起作用。

路不好走,是应该怪路本身,还是应该怪我们的鞋子不合脚,这是个问题。无论走什么路,最要紧是有一双合适的鞋,不但合脚,也要适合不同的路况。这个鞋子,既有个人的能力,也有个人的思想和观念在里面。

归静禅师是一位丹青妙手,他笔下的山川草木、花鸟鱼虫无不活灵活现、栩栩如生。归静禅师的大名被皇上知道了。一纸诏书将他请进了京城,住进了皇家的御花园。

皇帝说:"听说你的绘画很神奇,你能用一幅画描绘出人生之路吗?"

人生之路,岂能用图画描绘?然而,归静禅师却点了点头,说:"试试吧。"

一天两天过去了,归静禅师待在画室里,毫无动静。十天半月过去了,归静禅师说仍未画好。而且,他的画室整天门窗紧闭,不容许任何人进入。

莫非,其中有什么奥妙?

半年时光悠然而逝,初春的萌芽已经变成了飘飘黄叶。皇上再次召见归静禅师。急切地说:"我对你的那幅画越来越感兴趣了。不知你何时能

画好？"

归静禅师微微一笑，说："我的画早已准备好了，但是，不知欣赏画的人准备好了没有？"

皇上急不可耐地跟着归静禅师来到画室。归静禅师说："不用进屋，站在大门口，在远处欣赏就可以了。"

说着，他推开门。于是，画室之内，整整一面墙的壁画扑面而来。

画面上，山峰耸立，沟壑纵横，溪流回转，林木葱茏。画面正中是一座房子。房子向外开了一扇门，门外一条小路蜿蜒在林木之中。它弯弯曲曲，忽左忽右，忽上忽下，时宽时窄，时隐时现，隐没在一抹远山里，不知它通向哪里？更不知它最终通向何方？

皇上指着小路问道："那是一条什么路？"

归静禅师说："这就是人生之路。"

皇上又问："它通向何处？"

归静禅师说："我去看看。"

归静禅师竟然真的走进了画中，通过那扇门，踏上小路，走向远方，渐渐消失在那一抹远山的青黛之中……

皇帝等了很长时间。归静禅师却一直没有回来。他好奇地走进画室，走到壁画前面。于是，他惊讶地发现，那扇门，居然是真的！真的在墙上开出了一扇门！门外蜿蜒的小路，就是园林的曲折的花径！小路通向的远方的群山，自然是园林外面真实的山山水水……

心灵悄悄话
XIN LING QIAO QIAO HUA >>>

人生之路，生活之路，是任何图画所不能描绘的。它究竟是一条什么样的道路？你要自己去探索。它最终通向何方？也是你自己一步步走出来的。每个人都走在人生之路上，每个人走的方法都不一样，结果也不一样！

第十篇 >>>

不要期望每个人都满意

　　人生于世,人们在繁忙的工作中,经常遇到成功与失败;在生活上,也经常遇到快乐与悲伤,开心与失落,生老病死等诸多问题。

　　活着有时真的很累,身不由己的感觉只有亲身经历了才会知道。生活本身就有很多无奈,但生活也有很多美好的东西,好也罢,坏也罢,总是让人有所期待,所以我们都要活下去,人不能想的太多,经常往好的方向想想,为了一些自己想要的东西,哪怕实现不了的也要尽力;成也罢,败也罢,只有经历过心里才会舒服些。

有一种心境，叫顺其自然

人生于世，人们在繁忙的工作中，经常遇到成功与失败；在生活上，也经常遇到快乐与悲伤，开心与失落，生老病死等诸多问题。

大千世界里，由于每一个自然人的世界观和思想观点不尽相同，因此，他们处理事情与行为的方法、效果、感受，也就截然不同。只有树立正确心态的人，才能起到承上启下的促进作用，也就不会故步自封、自欺欺人、甚至坏了大事。

人们在人生中，会面对形形色色的事情，关键是以什么样心态和心境去处理各种各样的问题与矛盾。

当人们在工作、学习、以及生活中，取得成绩或成功的时候，就会感到无比的兴奋、无比的高兴、无比的开心、无比的自豪，不能沾沾自喜，骄傲自满。应该发扬成绩，再创佳绩。

当人们在工作、学习以及生活中，出现不尽人意或者失败的时候，一定要树立正确的世界观，用正常的心态去面对各种人和事，检查自己的不足之处，并牢记：失败乃成功之母。多一点善于总结经验，做出合理的计划，然后努力去实施。这样就会十分容易地迎来春天的曙光，照亮人生，实现人生奋斗目标。

在现实生活中，对于人生的生老病死的问题，都会认为：有生必有死，谁也无法逃避，这是人生的一个自然规律。特别生病和死亡，当它出现的时候，一定要以积极的、乐观的、正面的态度去面对，笑对人生，并深深地明白它是人生必须经过的狂风暴雨，也是人生的必然结果。

对于金钱的问题，人们常说：金钱不是万能，没金钱也是不能。这说明了金钱的重要性。可以说，它是人们赖以生存的必要条件。但是，金钱一定要来源于合法的渠道。人们拥有的财富到了一定程度是没有真正的意义，为什么呢？因为钱太多了，自己用不完。俗语说：钱是生不带来，死不带去。

自责——莫待无花空折枝

因此，人们不应过分地追逐金钱，不做金钱的奴隶，要做金钱的主人。也不要将自己拥有的金钱与他人对比多与少，应该与自己过去的情况进行对比，有改善和提高就心满意足、开心极了。这样的话，你就会感到乐融融，快乐常伴左右。比如，世界首富、电脑大王比尔·盖茨，他把自己来源于社会的财富回馈于社会，从自己的财富中拿出大部分的金钱成立一个善事基金会，专门资助世界上贫穷落后的国家的有关人士，帮助他们解决燃眉之急，渡过难关。

在人生的道路上，人们有机会结成好朋友，也是一种缘分的表现。只有彼此的世界观、人生观、价值观、爱情观，以及性格、文化知识、爱好等方面趋同，并能志趣相投、相互尊重、相互理解、相互支持、求同存异，才能不断地和永恒地发展友情；男女朋友也才能结成连理、走进结婚的殿堂。否则就停滞不前或者痛苦一生，甚至会容易产生不欢而散、分道扬镳的现象。

得到时要珍惜，失去时不懊悔，穷也好，富也罢，重要的是如何看待，重要的是怎样面对。锦衣玉食并非幸福快乐，粗茶淡饭照样颐养天年。身居高位也有忧愁烦恼，平民百姓也有快乐时光。茶余饭后约亲朋好友谈天说地，并非不是乐事。灯火阑珊时携妻儿老小漫步街巷，亦是其乐无穷。

顺其自然是一份心情，其实，也是一种境界。

某地有一座寺院，神台供着一尊观音菩萨像，大小和一般人差不多。因为有求必应，因此专程前来这里祈祷，膜拜的人特别多。一天，寺院的看门人，对菩萨像说："我真羡慕你呀！你每天轻轻松松，不发一言，就有这么多人送来礼物，哪像我这么辛苦，风吹日晒才能温饱。"

意外地，他听到一个声音，说："好啊！我下来看门，把你变到神台上。但是，不论你看到什么、听到什么，都不可以说一句话。"这位先生觉得，这个要求很简单。于是观音菩萨下来看门，看门的先生上去当菩萨，这位先生依照先前的约定，静默不语，聆听信众的心声。来往的人潮络绎不绝，他们的祈求，有合理的，有不合理的，各种祈求千奇百怪。但无论如何，他都强忍下来没有说话，因为他必须信守先前的承诺。

有一天，来了一位富商，当富商祈祷完后，竟然忘记手边的钱便离去。他看在眼里，真想叫这位富商回来，但是，他憋着不能说。接着来了一位三餐不继的穷人，他祈祷观音菩萨能帮助它渡过生活的难关。当要离去时，发

现先前那位富商留下的袋子，打开袋子，里面全是钱。穷人高兴得不得了，感叹道："观音菩萨真好，有求必应。"随后，万分感谢地离去。神台上伪装观音菩萨的看门人看在眼里，想告诉他，这不是你的。但是，约定在先，他仍然憋着不能说。接下来有一位要出海远行的年轻人来到，他是来祈求观音菩萨降福平安。正当要离去时，富商冲进来，抓住年轻人的衣襟，不明事理，要年轻人还钱，两人吵了起来。

这个时候，看门人终于忍不住，遂开口说话了。既然事情清楚了，富商便去找看门人所形容的穷人，而年轻人则匆匆离去，生怕搭不上船。这时真正的观音菩萨出现，指着神台上的看门人说："你下来吧！那个位置你没有资格了。"

看门人说："我把真相说出来，主持公道，难道不对吗？"

观音菩萨说："你错了。那位富商并不缺钱，他那袋钱不过用来嫖妓，可是对那穷人，却是可以挽回一家大小生计；最可怜的是那位年轻人，如果富商一直纠缠他，延误了他出海的时间，他还能保住一条命，而现在，他所搭乘的船正沉入海中。"

心灵悄悄话
XIN LING QIAO QIAO HUA >>>

只要人们能以好的心态去面对世界上各种人和事，就会轻松潇洒地活出自我，活出价值，活出精彩，活出快乐，实现人生的目标。

幸福就是现在

一个 20 出头的年轻小伙子急匆匆地走在路上,对路边的景色与过往行人全然不顾。一个人拦住了他,问:"小伙子,你为何行色匆匆啊?"

小伙子头也不回,飞快地向前跑着,只泛泛地甩了一句:"别拦我,我在寻求幸福。"

转眼 20 年过去了,小伙子已变成了中年人,他依然在路上疾驰。

又一个人拦住了他:"喂,伙计,你在忙什么呀?"

"别拦我,我在寻求幸福。"

又是 20 年过去了,这个中年人已成了一个面色憔悴、老眼昏花的老头,还在路上挣扎着向前挪。

一个人拦住他:"老头子,还在寻找你的幸福吗?"

"是啊。"

当老头回答完别人的问话,猛地惊醒,一行眼泪掉了下来。原来刚问他问题的那个人,就是幸福之神,他寻找了一辈子,可幸福之神实际上就在他旁边。

世事无常,谁也不知道下一刻会发生什么事。所以,现在就是最幸福。

人生一路走来,总会遇到很多风景,会遇到很多人。如果说人生是一段路程,总会有人在半途离你而去,也会有人与你相遇。谁也不能阻挡时间的流逝,所以,在这分分合合的旅程里,你学会了吗?

请保持微笑,感谢现在你拥有的。现在,你应该高兴,因为你很健康,不像别人在经历病痛;现在你应该庆幸,因为你还活着,还可以享受活着的美好;现在你应该开心,因为即使谁也不懂你,但是在这个世界还有那么多人陪着你。你,不曾一个人。

世界上最美好的东西不是得不到,也不是已失去,而是现在拥有的。现

在拥有的都是世界上独一无二的。如果你错过了,那么你就会永远错过了。一个人不可能两次进入同一条河。一个转身,早已是物是人非。不是他们对你不忠诚,而是你错过了时机。

人生不过几十年,谁也捉不准下一秒是不是最后一秒,也不知道下一秒又会突然错过了哪个人。而过去已经过去了,即使一直很用力地奔跑,你也追不回来逝去的东西。只有现在,手里握着的才是最真实的,才是真正是属于自己的。现在拥有就是一种幸福。所以,她一直很幸福,因为她懂得什么是幸福。

不否认执着的美好,但是经历过一段揪心的丧亲之痛后,突然发现自己开始懂得了,要珍惜现在。因为现在拥有的,在下一秒的意义已经不同了。我很珍惜现在的分分秒秒,学会用感恩的心去对待现在的每件事。因为,它们现在都是我能握住的。

幸福就是现在。现在,你感觉到幸福吗?

心灵悄悄话
XIN LING QIAO QIAO HUA >>>

其实人很奇怪,往往要失去了才会珍惜,其实幸福好多时候都已经放在我们眼前。幸福根本就没有绝对的定义,平时一些小事往往能触动你的心灵,是否幸福只在乎你的想法,想拥有幸福就要懂得珍惜,珍惜你眼前的一切?

放容一笑胜千金

从前有个小天使,很喜欢帮人,利用她的法术满足世人的欲望,借此感受曾被他帮助的人,身上所发出的幸福气味。有一天,小天使遇到一个诗人,他年轻,英俊,有才华,富有,还有个很美丽的妻子,但他仍然不开心,求小天使帮忙,带一些幸福给他,小天使想了很久,变走了诗人原来拥有的东西,半个月之后,小天使再找诗人,但诗人已经变得很潦倒,接着小天使就把诗人原来有的东西变回给他。再过半个月,小天使去见诗人,诗人很感谢小天使带给他的幸福。

人的一生就像一条长河,停滞不前的唯一结果是被庸长的生活暗流所淹没,只有不断地否定过去,才能面对新的挑战,而每一次的选择与放弃是为了实现更大的梦想,也是为了得到更多的喝彩。人生用心追求的往往是身边最简单最平常的,但往往最简单最平常的也是最容易忽视的!抓住每一个生活的瞬间,你会发现生活真的很精彩!

摔跤了,不要哭,再爬起来,站直一笑,拍拍尘灰,继续奔跑。正视人生的每一个挫折,适应人生的每一回起伏,吸取人生的每一场失败,利用人生的每一个坎坷。努力给自己一个最美好的心情,平衡住自己的气息,调整好自己的心态,不急于成功之事,先做好成功之人。就算摔了再大的跤,也一样能成为明天的更好;就算活在苦难的地狱,也一样仿佛升上最明丽的天堂。

被骂了,不要急,转身避行,淡淡一笑,心中平静,怒火宁消。出门行事,难免会被某些人排挤,或是被某些人歧视,甚至被某些人嫉妒、陷害、打压;与人相处,难免和某些人产生摩擦,或是弄得大家生气,甚至不小心树立仇敌。努力打开自己的胸怀,努力放宽自己的气度,努力给自己一个最美好的心情,保持着内心的自由与洁净,用自己的温和与笑容带给别人快乐,而

不是被别人的口水弄脏自己的嘴；用自己的灵活与善意消除大家的隔阂，而不是被隔阂堵得无法呼吸。

　　寂寞了，不要急，翻开日记，写首小诗，融情入纸，驱除寒意。世上之人，哪个不孤独；世人之心，哪个不寂寞。走遍人间孤独路，叹尽人间寂寞影。月光出来，欢歌一舞，给自己一个最美好的心情，享受一个人时，那种自由自在的世界。珍惜进入自己世界的每一个人，因为它们都是上天送给自己的礼物。当一个人不再害怕孤独时，他将永远活得充实而幸福；当一个人不再害怕寂寞时，那他的心，将时刻温暖，他的灵魂，将无限丰富。

　　友别了，不要哭，记住真谊，永印深情，互相留心，一路顺风。人生难得几个真心人，人生难得几个诚信友，人生难得几回当年笑，人生难得几杯畅怀酒。朋友是一辈子的精神财富，一生一世的心灵伴友，把最真挚的情谊放进内心深处，把最遥远的祝福送在故路楼前，朋友并没有离别，只是更永恒地留在了心间。回忆旧年的话语，想起儿时的嬉戏，给自己一个最美好的心情，仿佛变得越来越年轻，变得如同孩子般的纯净。

　　亲去了，不要哭，那不是去，只是归土，碑上留文，倒酒思故。最近之亲，莫过于血脉亲；最浓之情，莫过于骨肉情。不管走在哪，都永远念着父母的良苦心；不管做什么，都不要辜负亲戚的期待情。亲去了，不要哭，不要伤心，给自己一个最美好的心情，更乐观更上进地活着，更坚强更正直地活着，让故人安心，让亲人开心。端端正正地做人，规规矩矩地走路，平平安安地生活，幸幸福福地呼吸。

心灵悄悄话
XIN LING QIAO QIAO HUA >>>

　　人生用心追求的往往是身边最简单最平常的，但往往最简单最平常的也是最容易忽视的！抓住每一个生活的瞬间，你会发现生活真的很精彩！

生活不会迁就你

　　一条小河经历了重重阻挠,绕过高山与岩石,穿过森林和田野,一路奔腾,畅行无阻。最后,它来到了沙漠,小河想:"前面那么多困难都克服了,这次也应该能成功吧!"可是,它的努力一次又一次地白费了,水都渗到泥沙中,迂回不前。小河叹息说:"我最拿手的本事也不管用了,看来我注定平庸,永远也到不了大海。"

　　微风过来安慰它说:"我可以穿越沙漠,你也可以的,不过你要尝试着改变一下你自己……"

　　"改变自己,升华自己!"小河默默地念着,可是我从来没有这样做过啊,我能做得到吗?如果不行,那我岂不是自我毁灭吗?

　　"你这样想只是因为你从来就没有认识到自己还有巨大的潜能,没有认清你自己的本质,你可以的!"微风鼓励说。

　　小河鼓起勇气,对自己说:"改变自己,升华自己!"于是,它投入了微风的怀抱,蒸发了,化作轻盈的水汽。第二天,它又化作了雨滴,终于融入了浩渺的大海。

　　走过岁月,走过生活,心里有许多感慨,也有所感悟。生活犹如万花筒,喜怒哀乐,酸甜苦辣,相依相随。也许真的生活不如意,但不必太在意,人生本如梦,岁月不会迁就任何人,要学会看淡一切。珍惜拥有、善待自己,让我们的心中永远有一片阳光照耀的晴空,把眼前的痛苦看淡,或许痛苦之后就是幸福。

　　没有人不想幸福快乐地生活,然而现实生活不尽如人意,我们经常不能左右幸福,因为痛苦烦恼总是不期而至,面对痛苦烦恼我们也许无法逃避,但我们可以选择善待自己。

　　人生只有经历才会懂得,只有懂得才会去珍惜,一生中总会有一个人让

你笑得最甜,也总会有一个人让你痛得最深。忘记一切,就是最好的善待自己,人生的过程不过就是失与得,看淡了也就轻松了,在一切看淡后我不知道我该看重什么?

人非圣人,谁能无错,看淡一切,一切也就过眼云烟,如果真的忘不了,就默默地珍藏在心底的最深处,藏到岁月的烟尘触及不到的地方……

活着有时真的很累,身不由己的感觉只有亲身经历了才会知道。生活本身就有很多无奈,但生活也有很多美好的东西,好也罢,坏也罢,总是让人有所期待,所以我们都要活下去,人不能想得太多,经常往好的方向想想,为了一些自己想要的东西,哪怕实现不了的也要尽力,成也罢,败也罢,只有经历过心里才会舒服些。

还是换一种态度生活吧,把不高兴事情的统统抛开,人活着就那么短暂的数十载,凡人当然有烦恼,生活本来就有许许多多的无奈,看你用什么样的心态去对待,世上没有十全十美的人,生活中有快乐,亦有悲伤,这都是很正常的,要不为什么会有眼泪呢?

人们常说"人往高处走,水往低处流",那么我们就往高处走吧,不要想太多伤感的事,什么事都往前看,并相信什么事都会过去的。有人说,生活是一种享受;有人说,生活是一种无奈。其实,生活有享受也有无奈,有欣慰也有困惑。生活就像一枚青果,你含在嘴里慢慢品,细细嚼,便有诸多滋味在你舌尖蔓延,也甜,也酸,也苦,也涩……

无数次站在人生的十字路口,无数次面临着不同的抉择,向左走,向右走? 没有经验,没有向导,没有提示,没有路标,一切都要凭借自己的智慧和勇气,作出选择和决定,正因为人生的舞台没有彩排,也没有重演,所以人生路上我们的每一个选择和决定,都必须深思熟虑,三思而行,对自己负责,对生命负责。

漫漫旅途中,或许感到疲惫,也许有些沉重,但只要有一份美丽的心情,就会觉得欣慰,就会充满自信。好好地珍惜人生,尽情地拥抱生活,虽然辛苦,也会咀嚼出甘甜与芬芳的神韵! 快乐从来不是永恒的,痛苦也只是个过程,没有谁能拒绝春天来临,没有谁能永远都做好梦,最后,快乐掌握在自己手里,是要靠自己去找寻的,看淡一切,珍惜拥有,生活不会迁就任何人。

自责——莫待无花空折枝

一只老鼠走遍天涯海角,打算去寻找世上最伟大的东西。有一天,它突然发现:世上最伟大的东西,不正是它日日见到的"天"吗?

于是它去找天。

天告诉它:云比天伟大,因为只要云来了,天就被遮住了。

老鼠就跑去找云。

云告诉它:风最伟大,只要风一吹,云就被吹跑了。

老鼠再跑去找风。

风告诉它:墙最强大了,风一吹到墙那里,就被挡住而消失了。

老鼠再跑去找墙。

墙告诉它:老鼠最厉害了,老鼠一来,墙就千疮百孔,摇摇欲坠。

老鼠这才恍然大悟:天生我材必有用,世上并没有绝对伟大的东西!

不要总是羡慕别人的长处而忘了自己的才能,只要尽心尽力发挥自身所长,又何须向外人寻求呢?

心灵悄悄话
XIN LING QIAO QIAO HUA >>>

每个人都是一条奔腾不息的河流,一路上你需要跨越生命中的重重障碍,才能有所突破,有所进步。在这个过程中,有一点很重要,就是像河流那样善于放弃你所认为的自我,并且根据自己的目标做相应的改变。

最可靠的朋友是你自己

爱因斯坦小时候十分贪玩。他的母亲常常为此忧心忡忡,再三告诫他应该怎样怎样,然而对他来讲如同耳边风。这样,一直到16岁的那年秋天,一天上午,父亲将正要去河边钓鱼的爱因斯坦拦住,并给他讲了一个故事,正是这个故事改变了爱因斯坦的一生。故事是这样的:

"昨天,"爱因斯坦父亲说,"我和咱们的邻居杰克大叔清扫南边工厂的一个大烟囱。那烟囱只有踩着里边的钢筋踏梯才能上去。你杰克大叔在前面,我在后面。我们抓着扶手,一阶一阶地终于爬上去了。下来时,你杰克大叔依旧走在前面,我还是跟在他的后面。后来,钻出烟囱,我发现一个奇怪的事情:你杰克大叔的后背、脸上全都被烟囱里的烟灰蹭黑了,而我身上竟连一点烟灰也没有。"爱因斯坦的父亲继续微笑着说:"我看见你杰克大叔的模样,心想我肯定和他一样,脸脏得像个小丑,于是我就到附近的小河里去洗了又洗。而你杰克大叔呢,他看见我钻出烟囱时干干净净的,就以为他也和我一样干净呢,于是就只草草洗了洗手就大模大样上街了。结果,街上的人都笑痛了肚子,还以为你杰克大叔是个疯子呢。"

爱因斯坦听罢,忍不住和父亲一起大笑起来。父亲笑完了,郑重地对他说,"其实,别人谁也不能做你的镜子,只有自己才是自己的镜子。拿别人做镜子,白痴或许会把自己照成天才的。"爱因斯坦听了,顿时满脸愧色。

爱因斯坦从此离开了那群顽皮的孩子们。他时时用自己做镜子来审视和映照自己,终于映照出生命中的熠熠光辉。

人,最了解自己的是自己,最不了解自己的也是自己。世界上做得最久且最可靠的朋友就是你自己,而最被人忽视又最无法躲避的朋友还是你自己。这样说来,最悲苦的孤独不是身边没有知己,而是心中遗弃了自己,同样,我们最需要的帮助也不是来自别人的关怀,恰恰正是实在而顽强地自

助。连自己都不肯接纳自己，便无法需求这个世界给你一个位置，连自己都不敢正视自己，便无法到红尘中寻找理解。

其实，你是自己人生历史的作者，更是自己的读者，你是自己社会角色的演员，更是自己的观众，也许你做读者的境界深些，你的历史才会更有档次，也许你做观众的水准高些，你的角色才会更见功力，而我们有时常常不在意这些，于是我们学会了自我标榜，而很不乐意自我批判，学会了自我掩饰而很难主动自我曝光。最大的欺骗是自我欺骗，而自我欺骗最大的受害者正是想逃避受害的自己。

为什么不给自己一点信任，搞明白自己到底一顿吃几两干饭，一天能赶多少里路，究竟手下能操持什么活计？和自己坐个对面，不妨把自己当个陌生人，冷眼看看自己的梦想是不是妄想，不带偏见地听听自己的誓言是不是谎言，甚至还可能站起来和自己掰掰腕子较较劲，感觉感觉自己的把式是不是把戏。特别是你更要闭上只想炫耀自己推销自己的嘴巴，静静的有耐心地倾听一下，作为反方辩手的自己，不中听又不无道理不好接受又不难理解，不想去做又不做不行的慷慨陈词。

自己本身不是敌人，自己身上的错误、虚伪和偏见却是你做人的大敌，对于大敌的熟视无睹和视而不见，终将为自己埋下了悲剧的种子和失败的隐患。更多的时候，自己是你假想的对手，多和自己较量几个回合，才会有准备去和别人较量，有时可怕的不是被别人击败，而是明知自己实力不足技术欠缺又不去与自己试练，做些调整和改进状态已无力改变而一败涂地。

和自己坐个对面，尤其是在自己得意的时候和平安无事的时候，这样你才保持了赢家的姿态，你才不愧为自己心灵最忠实的朋友。认识自己中认识一切，一切认识中认识自己，而后自己认识自己。

心灵悄悄话
XIN LING QIAO QIAO HUA >>>

盲目地与别人相比较，以为自己比身边的人聪明就满足了，或者觉得自己不如别人就沮丧了。这多么愚蠢啊！每一个人都有其不同的人生目标和生活方式，自己才是自己在这个世界上最可靠的人生向导。

不要在伤心的时候为难自己

人生在世,不如意的事情十有八九。就像天有不测风云、月有阴晴圆缺一样。你不必惊慌失措,意志消沉,更不能自怨自艾,逆来顺受,这就让你首先要学会安慰自己、疼惜自己,用理智调整好自己的心态,您才能驱走心灵上的"冰霜",从而赢来的是一米阳光。

大千世界,芸芸众生,唯有人的情感最丰富:喜、怒、哀、乐、酸、甜、苦、辣。

当"伤心"光顾您的时候,您千万别把自己弄的遍体鳞伤。在你快乐的时候,要想到这快乐不是永恒的;在你痛苦的时候,要想到这痛苦也不是永恒的。要永远宽恕众生,只有做到这宽恕,无论你受到多大的伤害,都能得到真正属于你自己的快乐。"人生"就像是上天布置我们在每一条道路上的一道道关卡,考验着我们每一个过往的行者。

人生的真理,只是藏在平淡无味之中的。那么我们不要奢求什么,也不要盲目地去追求什么,更不要浪费您的生命在您一定会后悔的地方上,什么事都只要面对现实,这样你才能够超越现实。不是吗?

人,有时仿佛就为感情、事业、家庭而活。而诸多的不开心,伤心也仿佛都由此而来。可是我们又无法去挑战没有它们的日子,所以我们只能选择修炼我们自己,遇到伤心的时候,不要只知道流泪,要学会把自己的坏心情暂放一边,好好地疼爱自己一回。不要让自己活得太狼狈,其实生活原本就有太多的不完美,想想看,你如此的伤悲到底伤害到了谁呢?

如果您真的伤心了,你可以找个知心的朋友,倾诉衷肠,你也可以找个清幽的地方,吹吹风,沐浴一下阳光,你可以放上一段自己喜欢的歌曲,温暖你的心房,你还可以善待一下自己,买一些平时想买但舍不得买的东西来慰劳自己,还可以到美发厅给自己整个自己喜欢的发型来取悦自己,这些都可以让你换一种新的心情或心态来面对你自己……

所以要学会疼惜自己，爱护自己。要知道只有你爱自己了，才会有人来爱你。因为在这个世上，或许，爱你的人不止一个，可真正爱你的和你形影不离的，冷暖相知的只有你自己。如果连你自己都不懂得爱惜你自己，那么你还能祈求谁呢？

所以，千万不要在你伤心的时候为难你自己，这样会很痛苦。

有一天，一个王子独自到花园里散步。使他万分惊奇的是，花园里所有的花草树木都枯萎了，园中一片荒凉。后来王子了解到：橡树由于自己没有松树那么高大挺拔，因此轻生厌世死了；松树又因自己不能像葡萄在架上，不能像桃树那样开出美丽可爱的花朵，于是也死了；牵牛花也病倒了，因为它叹息自己没有紫丁香的芬芳。其余的植物也都垂头丧气，无精打采。只有一棵小小的心安草在茂盛地生长。

王子问道："小心安草啊，别的植物全都枯萎了，为什么你这小草这么勇敢乐观，毫不沮丧呢？"

小草回答说："王子啊，我不灰心失望，是因为我知道，如果王子您想要一棵橡树，或者一棵松树、一丛葡萄、一棵桃树、一株牵牛花、一棵紫丁香等，您就会叫园丁把它们种上，而我知道您对我的希望就是要我安心做一株小小的心安草。"

心灵悄悄话
XIN LING QIAO QIAO HUA >>>

在这个世界上，爱你的人不止一个，可真正爱你的和你形影不离的，冷暖相知的只有你自己。如果连你自己都不懂得爱惜你自己，那么你还能祈求谁呢？

第十一篇>>>

别弄湿今天的阳光

人活着很多时是在为别人而活，其实生活是自己的，真不应该只活给谁来看。你笑，别人也不一定会祝福你的幸福快乐，你哭，别人也没有理由一定要帮你拭干泪水。众生芸芸，一人难合千人意，既然难合千人意，何苦要为难自己？做真实的自我！不必在意那些人云亦云的各种纷扰，做无愧于他人的自己就好！始终信仰"清者自清，浊者自浊"。这世界上没有任何一个人和自己的关系，会比得过自己与自己的关系更密切。所以，要清楚地知道真正能读懂自己的，不是别人而是自己心灵的声音。

不必太在意

人生的路上，一路走来会遇上各种各样的人，真正能陪自己走下去的没有几人。漫漫人生，是靠自己去走的。人活着很多时是在为别人而活，其实生活是自己的，真不应该只活给谁来看。你笑，别人也不一定会祝福你的幸福快乐，你哭，别人也没有理由一定要帮你拭干泪水。众生芸芸，一人难合千人意，既然难合千人意，何苦要为难自己？做真实的自我！不必在意那些人云亦云的各种纷扰，做无愧于他人的自己就好！始终信仰"清者自清，浊者自浊"。

这世界上没有任何一个人和自己的关系，会比得过自己与自己的关系更密切。所以，要清楚地知道真正能读懂自己的，不是别人而是自己心灵的声音。或许偶尔自己也无法清醒自己是谁，但时间和冷静能拨开自己的迷茫。生活的路在延长，学会自己给自己疗伤，学会好好爱自己，面对伤痛，懂你的人自然会帮你分担你的伤痛，不懂你的人视你为无病呻吟。与其博取他人的怜悯不如自我爱惜自己。当别人传来不屑的眼神时不必去在意别人的居心是为何，只当是"别人笑我太疯狂，我却笑他人看不穿"好了。相信穿透泪水定能收获到属于自己的甜蜜。

生活是一磁带包罗万象的歌，每天唱不完的是喜怒哀乐，不停流淌着的旋律是命运的起起落落。若想谱写出一首首优美动听的歌谣，学会放下该忘记的，记住该记住的，你会发现生活原来可以因不在意而活出个阳光明媚的日子。那些所谓的名和利，也只不过是过眼云烟，当生活归于平淡，更可欣赏到简单的美好。

有一则小故事，内容是讲述有一个伟大的生意人，当别人来请教他成功的秘诀时。他说了一番意味深长的话："在我贫穷时，每当受人欺负或陷入困境，我对自己说：'我这么贫穷，没资格去生气和懒惰；在我富有时，遇上别

自责——莫待无花空折枝

人的攻击或排斥时,我又对自己说:'我已经是那么富有了,不值得自己去和一般人计较'。"是的,当生活贫穷时,我们没有条件去在意什么;生活富有了,我们更不必去在意什么。从这则小故事中,足以显示主人翁做人的胸襟和气度。我们每一个人也曾遭遇过他所经历的事,何不学学他这种为人处世的方式。

人不是物品,不需要何时何地都得陈列在他人面前,供他人一览无遗。留一点空间来属于自己,快乐或忧伤时,把自己的灵魂安置在自己的这一片纯净的空间,让时间和智慧继续绽放快乐或慰藉心伤,能捂温自己心房的人,最终还是只有自己,想想睡一觉后,明晨醒来,凡事已经成昨日往事,又何必要给那些红尘俗事困住身心? 明知太阳每天都是新的,何苦要为昨夜的泪,去弄湿今天的阳光。

人或许是可以很平凡,倘若能真的做到"不必在意"这四个字,相信平凡的人已经不再是平凡了。就能用坦然的心态去面对生命中每一个喜怒哀乐的日子。

心灵悄悄话
XIN LING QIAO QIAO HUA >>>

人在路上走,沿途中总会有风雨不定时地袭击,不可能因为有风雨而止步或退缩。迎上风雨,勇敢面对,相信走过风雨后,彩虹的美丽就在前方的风景处等你。这时,平凡和平淡都是一种幸福!

尊重身边的每个人

　　纪晓岚有一天去游五台山,走进庙里,方丈把他上下一打量,见他衣履还整洁,仪态也一般,便招呼一声:"坐。"又叫一声:"茶。"意思是端一杯一般的茶来。寒暄几句,知他是京城来的客人,赶忙站起来,面带笑容,把他领进内厅,忙着招呼说:"请坐。"又吩咐道:"泡茶。"意思是单独沏一杯茶来。经过细谈,当得知来者是有名的学者、诗文大家、礼部尚书纪晓岚时,立即恭恭敬敬地站起来,满脸赔笑,请进禅房,连声招呼:"请上坐。"又大声吆喝:"泡好茶。"他又很快地拿出纸和笔,一定要请纪晓岚留下墨宝,以光禅院。纪晓岚提笔,一挥而就,是一副对联:坐,请坐,请上坐;茶,泡茶,泡好茶。方丈看了非常尴尬。

　　在这个世界上,会有很多人没你混得好,但是也有很多人比你厉害多了。所以如果你没有那个资本的话,就不要看不起人,包括那些没你混得好的人们!

　　要尊重任何一个人,不管他们生活的多么差,不管他们生活的多么"低级"。哪怕是一个精神病人或者是疯子,也不要轻易去厌恶他们,就算他们的精神再不"正常",至少他们知道还有亲情的存在。

　　而有些正常人却不知道这些。正如那句话:有的人活着,但是他已经死了,有的人死了,但是他还活着。

　　每个人有每个人的生活方式,也许只是他们的生活方式让你接受不了而已。时间长了你会接受的。

　　只要他们是善良的,只要他们有爱心和孝心,哪怕他们是个我们所认为的小混混都无所谓。不管别人怎么想,怎么做,都不要看不起他们,应该以同样的方式把他们当作朋友看待。

　　看一个人,不要因为他没有本事就看不起他。更不要因为他很有本事

就看得起他。你要告诉自己：不能去小看任何一个人。

不管他现在混得怎么样，现在混得不好，不代表将来就不好，现在就算是混的很不错的，也不一定将来他就比现在好。所以人在眼中都是一样的。

就算你是个有钱人，走在大街上时，也请你尊重一下那些清洁工们，别忘了，清洁是他们给你的！不要以为你很富有，你就可以看不起他们。

因为，也许他们的物质生活远远比不上你，但是那并不代表他们的精神生活就不如你，不要看不起任何人，别人的某方面不如你不代表都不如你，还有，现在不如你也不代表永远不如你，说不定以后比你都强。

一个人的物质生活可以是辛苦的，但是只要他在精神上是富有的，就够了。因为你不知道，也许无意中你和他们说的那么一句话，可能就会影响到你的一生。

有些人在外人看来不是好人，不是他不好，而是他的好只是针对小部分人，只是很抱歉，你不是那小部分人而已，所以你没发现而已。所以不要轻易看不起任何人，试着去尊重他们，也许你会有意想不到的发现。

就算你很有钱，就算你再有本事，你也不要看不起任何一个人，毕竟在这个世界上，比你强的大有人在。不要为你现在取得的一点点成果而沾沾自喜，因为社会永远都是前进的！

现在看起来很富有的人们，不见得将来还会富有。现在看起来很穷的人们，不一定他们永远都是穷的。

心灵悄悄话
XIN LING QIAO QIAO HUA >>>

世界在变，我们也在变，但是不管这个世界怎么改变，希望不要轻易去看不起一个人。

让一切随意就好

从前有个书生,和未婚妻约好在某年某月某日结婚,到了那一天,未婚妻却嫁给了别人。书生受到打击,一病不起。家人用尽各种办法都无能为力,眼看书生奄奄一息。这时,路过一游方僧人,得知情况,决定点化一下他。

僧人来到他的床前,从怀里摸出一面镜子叫书生看,书生看到茫茫大海,一名遇害的女子躺在海滩上。这时,走过来一个人,看一眼,摇摇头,走了……又走过来一个人,将自己的衣服脱下,给女士盖上,走了……又走过来一个人,过去挖了一个洞,小心翼翼地把尸体掩埋了……

疑惑间,画面切换,书生看到自己的未婚妻,洞房花烛,被她丈夫掀开盖头的瞬间……

书生不明所以。僧人解释道:"那具海滩上的尸体,就是你未婚妻的前世。你是第二个路过的人,曾给过他一件衣服。她今生和你相恋,只为还你一个情。但是他最终要报答一生一世的人,是最后那个把她掩埋的人,那人就是他现在的丈夫。"书生大悟,从床上坐起,病愈!

生命是一个随意的过程,未做任何选择我们就来到了这个世界;没有特意准备我们就一天天长大、一天天变老;不管是否乐意,最后总得和这个世界挥手道别。一切是那么的自然和神秘,由不得我们去精心地准备、刻意的安排、过多地选择。

我们日复一日地在一条又一条的路上走着,在一处又一处忙碌着,这是我们生命历程中的必然之路,不能总幻想在哪条路上会有一次美丽的邂逅,在某个树荫下会有一个浪漫的故事。

有故事的人当然很快乐,没有故事的人感受别人的故事同样会快乐。把浪漫与美丽的故事当作奢侈品吧,别刻意地追逐,是你的跑不掉,不是你

的追也追不到。就让一切顺其自然，一切随缘吧。

我们不过是此时此地的一个过客，只需漫不经心地走过，浏览沿途美丽的风景就好。不要刻意地追寻或放弃什么，要懂得得失相辅相依的道理，欣然接受生命过程中的每一次赐予，不要抱怨得到的多或少，要明白一切都是有代价的。

要明白缘分本是天定，走和留不可能由自己决定。生命中该来的总是会来，该去的总是会去，应该坦然地接受该来的，平淡地相送该去的，正如人们常说的，缘分如风，是一种抓不住的自然。

要学会接受我们不愿意接受不能够接受的东西，尽管这是生命中的一个无奈甚至是残酷，但是，有些事注定是你要经历的，有些结果是必须要承担的。而我们能做的就是，拥有时珍惜，失去时感恩。

让生命随意并不是随便地活着。活要活得有目标，但不能完全被目标所左右。只要朝着那个目标不停地努力了，很努力地争取了，无论成功与否，就不必有太多的遗憾，何必把结果看得那么重呢？

生命的过程不必刻意，让一切随意就好。

心灵悄悄话
XIN LING QIAO QIAO HUA >>>

我们是该好好珍惜遇到的每一份缘分，给对方心灵留下一片绿荫，即使缘分流走了也不会懊悔，只因你曾经是那么富有，在生命的旅途中那份感动，那份真情将会在记忆的埂上开出灿烂的婷婷！

轻松自在的生活

人的一辈子只有百分之五是精彩的,百分之五是痛苦的,另外百分之九十是平淡的;人们往往被百分之五的精彩诱惑着,忍受着百分之五的痛苦,在百分之九十的平淡中度过。人在一生中是生带不来死也带不去的人间荣华富贵,只能留给后人是物质与钱财的享受。人无法控制自己的生与死,但能掌握自己的一生。人生如梦,弹指一挥间就是转眼几十年,穷也好,富也罢,都是过眼云烟,我们蓦然回首才发现:心情好、健康快乐是最主要的。

人在这一辈子会遭遇很多的无奈和恩怨,但是人世间的烦恼忧愁与恩恩怨怨为什么我们不去化解呢? 我们用换位思考的方法去看待这个问题,用平常心态去对待这个问题,人生在世,不可能一帆风顺,种种失败和无奈都需要我们勇敢地面对;一味地埋怨生活,这是对感恩的消沉对待。在现实生活中,我们用感恩的心态去对待生活,人际关系就会融洽,多一些感谢,就多一份爱心,多一份温馨,人与人之间的关系就会在相互感激中更加亲密。

什么时候,我们不能丧失对生活的信心,乐观地面对生活的方方面面。做错了也不后悔,跌倒了就重新爬起来,要记住:学会坚强,学会自信,永远做生活的强者。我们对生活没有太多的奢望,也没有过分的苛求,只要平淡的生活,没有烦恼和忧愁,活得轻松自在,活得潇洒自信,才是我们每个人都希望的。

生活是伟大的母亲,她以无微不至的充实着我们的生命:失败使我们体验成功的艰辛,挫折使我们体验顺心的珍贵,困难使我们体验满足的欣慰,胜利使我们体验欢喜的热泪。只要我们自己亲身经历过,才会懂得生活叫生活,只要我们品尝过痛苦的滋味,才知道生活的甘甜。

人生如棋,我们每个人都是棋子,在社会大舞台上扮演不同的角色,在不同的工作岗位上担当着车、马、炮使命。在人生的路上,有时需要经历艰辛,吃尽苦头,舍车保帅;有时需要做兵卒,其最为艰辛,粉身碎骨在所不惜。

自责——莫待无花空折枝

这就是生活的艰辛带给我们去努力拼搏。

在人的一生中，我们学会轻松自在的生活，要选择那些不会给自己带来太大压力的工作。仔细想来，人生短暂，生命如朝霞，我们莫忘惜之。人生载不动太多的烦恼和忧愁，唯有内心坦然，才能够无往而不乐。如果我们一辈子能够保持有一颗平常心，坐看云起，一任沧桑，就不愁获得一份云水悠悠的好心情；如果我们用这种好心情对待我们的每一天，每一天就会充满阳光，我们的生活就洋溢着新的希望。

有一位单身女子刚搬了家，她发现隔壁住了一户穷人家，一个寡妇与两个小孩子。有天晚上，那一带忽然停了电，那位女子只好自己点起了蜡烛。没一会儿，忽然听到有人敲门。

原来是隔壁邻居的小孩子，只见他紧张地问："阿姨，请问你家有蜡烛吗？"女子心想："他们家竟穷到连蜡烛都没有吗？千万别借他们，免得被他们依赖了！"

于是，对孩子吼了一声说："没有！"正当她准备关上门时，那小孩展开关爱的笑容说："我就知道你家一定没有！"说完，竟从怀里拿出两根蜡烛，说："妈妈和我怕你一个人住又没有蜡烛，所以我带两根来送你。"

此刻女子自责、感动得热泪盈眶，将那小孩子紧紧地拥在怀里。

心灵悄悄话
XIN LING QIAO QIAO HUA >>>

人一辈子都不容易，我们倍加珍惜自己，倍加珍惜我们的亲人，也要珍惜我们身边的每一个人，是他们使我们懂得了如何生活，如何做人；我们用感恩的心去对待生活，去对待我们生活的一切！

面对生活一笑而过

人生在世,风雨雷电,阴晴冷暖,聚散离合。无论如何,欢笑中少不了泪水,痛苦中伴随着希望,失败中孕育着成功。不论是伟人领袖,还是凡夫俗子,谁都不可能一帆风顺,平步青云,事事如意,天天顺利。人生充满了酸甜苦辣,有成功也有失败,有欢乐也有痛苦,有希望也有失望,有得到也有失去。月有阴晴圆缺,人有悲欢离合,生活不可能尽善尽美,人生不可能完完美美。

生活中罩在我们头上的光环和不如意的事情,像颜色不一的气泡,不论多么好看或难看,总有一天会破灭。与其盯着不开心的东西,不如活动自己的手脚,舒展自己的笑脸,实实在在地为着理想而追求,这时候,我们的心灵却会因为不懈的追求和微笑慢慢地充实起来,人生就像一条缓缓流动的河流,充实而自信;微笑就像一朵朵翻腾着的浪花,带给我们进取的快乐。

面对失败和挫折,一笑而过是一种乐观自信,然后重整旗鼓,这是一种勇气。

面对误解和仇恨,一笑而过是一种坦然释然,然后保持本色,这是一种达观。

面对烦恼和忧愁,一笑而过是一种平和释然,然后努力化解,这是一种境界。

失败和挫折是暂时的,只要你勇于微笑;误解和仇恨是暂时的。只要达观待之;赞扬和激励是暂时的,只要你不耽于梦想;烦恼和忧愁是暂时的,只要你被它左右。大海茫茫,百舸争流,不拒众流方为沧海,芸芸众生,人生无常,风雨欲来,青花凋落。凭栏眺望,阳光总在风雨后,潮涨潮落。云卷云舒。闲庭信步,高挂前进的风帆,到中流击水,浪遏飞舟。前方就是成功的彼岸。

坦然,是一种失意后的乐观,是一种沮丧时的调适,是一种平淡中的自信,是一种逆境中的从容。坦然,使你活得自然,活得真实,活得轻松;坦然,

使你不为名利所困扰,不为仕途为忧虑,不为得失所不安;坦然,使你睿智洒脱,使你了无牵挂,使你胸怀博大。坦然,是一种高深层次的文化修养,是一种宠辱皆忘的豁达情怀,是一种豁然开朗的精神境界。

我们要正确对待生活中的风雨阴晴,理智对待生活中的得失成败。艳阳高照、春风得意时,我们精神抖擞、意气风发;阴雨连绵、失意落魄时,我们斗志昂扬、信心百倍,因为我们的心中有着一轮火红的太阳;因为我们的心中有着无限美好的希望。

别再留恋破碎的旧梦,别再沉迷于往日的幸福之中,别再计较人生的得失,别再担忧明天的天气,既然选择了前方,就只管风雨兼程。微笑着送走不愉快的阴云,不再让它们遮住你的眼睛,不要因为今天的痛苦就否定明天的幸福,不要因微小的成功而迷失了方向,不要因为眼前的风雨而否定明天的阳光,因为乌云是遮不住太阳的,更不要因为错过了星星而哭泣,否则我们错过月亮。

既然这一切都是暂时的,我们为什么不一笑而过,重新生活呢?

我们不能否认阳光与风雨同在,更不能否认成功与失败并存。人生不如意之时常八九,那样一笑而过轻松上路吧!能够使自己忧伤也能够使自己快乐,这就是我们一笑而过的力量。对此,我们应该一笑而过。

心灵悄悄话
XIN LING QIAO QIAO HUA >>>

生活是美丽的,生活是多彩的,人生的路上风景无限。走出黑夜,便是黎明,经历风雨,才见阳光。经过了冬的孕育,春的播种,夏的成长,我们必将会迎来秋的丰收。

成熟就是恰到好处

　　成熟是一件好事情。庄稼成熟了才能收割；果实成熟了才好食用。人亦如此，成熟的人，说话办事有板有眼，稳稳当当，不像那些毛手毛脚的"愣头青"，毛毛躁躁，冒冒失失。

　　做人需要成熟，成熟就是恰到好处。

　　但是，太成熟了，也未必是件好事情。譬如瓜果，熟过了头，味道也就变了。做人太成熟了，就会心机太重，城府太深，老于世故，老谋深算，外隐内敛，深藏不露，叫人捉摸不透，难以相处。不像那些心直口快的人，坦诚率真，心里怎么想就怎么说，宛如一泓清泉，纯净得叫人一眼看到底。

　　太成熟的人，烦恼就多了，欢乐就少了，活得就累了。不像那些大大咧咧的"马大哈"，心计不多，想得不多，遇忧不愁，遇烦不恼，纵有天大的事，该吃的吃，该喝的喝，整天快快乐乐。

　　太成熟的人，胆子就小了，顾虑就多了。办起事来总是慢慢腾腾，四平八稳，不像那些初生"牛犊"，敢想敢干，前不怕狼，后不怕虎，说干就干，雷厉风行。

　　太成熟的人，就不再天真，不再单纯了。不像那些迎风开放的蓓蕾，纯真质朴，可亲可爱。

　　太成熟的人，思想负担就重了，这样那样的毛病就多了，身体素质就每况愈下了。不像那些有嘴无心的人，有事不往心里去，吃得香，睡得甜，身心俱佳，笑口常开。

　　人，真是一个矛盾体。未成熟时向往成熟，渴求成熟，一旦成熟了，又后悔不已，怀念过去，梦想回归，感叹那人生最美好的时期，"恰同学少年"一去不复返。

　　其实，做人成熟与否，不在年龄大小，不在阅历深浅，全在于自己修身养性。有的人年纪并不算大，却学得圆滑世故，老气横秋；有的人即使活到七

十八十,也依然显得年轻气盛,稚气十足。有的人阅历不算深,却已修炼"成熟",像个"江湖老手";有的人饱经风霜,历经坎坷,也绝不趋炎附势,低头弯腰,依然昂首挺胸,精神抖擞!

做人,不妨嫩一些、纯一些、憨一些。

美国船王罗伯特·达拉有一位得力助手是位女士,最早她只是一名速记员。谈到她之所以能得到这个公司里所有女士都眼红的秘书位置时,罗伯特·达拉说"我在最初雇用她时,她的工作只是听取我的口述,记录内容,替我拆阅、分类及回复我的私人信件。她的薪水同公司其他普通的职员没什么两样。但是,同其他普通职员所不同的是,用完晚餐后,她还常常回到办公室来,并且积极地做那些本来不是她分内的也没有报酬的工作,并把她替我写好的回信和其他一些文件送到我的办公室来。她的能力增长很快,有时候替我写的信就同我写的一样。当我的秘书因故辞职时,我自然而然地想到了她,因为她早已做着这样的工作,并且早已有了这样的能力。我多次提高她的薪水,直到她的薪水是普通职员的四倍。但是,这是没办法的事,她已经使她自己变得对我极有价值,是我的事业不能离开的帮手。"

心灵悄悄话
XIN LING QIAO QIAO HUA >>>

当你选择了一项事业并准备为之奋斗时,你一定要记住:要聪明,而不要追求精明。聪明的人一般不计较眼下的区区得失,而是把眼光放长远,时刻有一个总体的事业目标,所有的努力都是为这个目标而服务的。虽然他们的好多行为让别人看起来都是没有意义的,甚至很吃亏。但是他们心里清楚,自己的努力肯定在将来会得到巨大的利益回报。